CAD/CAM/CAE 工程应用丛书

UG NX 11.0 基础教程

第 2 版

钟日铭　等编著

机 械 工 业 出 版 社

UG NX 11.0（即 Siemens NX 11.0）是一款性能优良、集成度高的 CAX 综合应用软件，其功能涵盖了从外观造型设计到建模、装配、模拟分析、工程制图、制造加工等整个产品开发和制造过程。本书以理论知识与典型实例结合，从实用角度出发，循序渐进地介绍了 UG NX 11.0 的使用方法。内容共分 8 章，包括初识 UG NX 11.0、草图、空间曲线与基准特征、创建实体特征、特征操作及编辑、曲面建模、装配设计和工程图设计。每章最后均配有思考练习题，以帮助读者在学习各章的内容后进行复习。本书还配备了包含操作视频在内的教学资料，便于读者学习。

本书结构严谨、内容丰富、条理清晰、实例典型、易学易用，注重实用性和技巧性。本书既可作为各类工科职业学校、高等院校相关专业的基础设计教材，也可作为从事工程设计工作的专业技术人员的自学参考书，以及 UG NX 开发应用人员的参考资料。

图书在版编目（CIP）数据

UG NX 11.0 基础教程 / 钟日铭编著. —2 版. —北京：机械工业出版社，2016.12

（CAD/CAM/CAE 工程应用丛书）

ISBN 978-7-111-55770-8

Ⅰ. ①U… Ⅱ. ①钟… Ⅲ. ①计算机辅助设计－应用软件－教材

Ⅳ. ①TP391.72

中国版本图书馆 CIP 数据核字（2016）第 313870 号

机械工业出版社（北京市百万庄大街 22 号　邮政编码 100037）
策划编辑：张淑谦　　　责任编辑：张淑谦
责任校对：张艳霞　　　责任印制：李　洋

保定市中画美凯印刷有限公司

2017 年 1 月第 2 版·第 1 次印刷
184mm×260mm·18 印张·434 千字
0001－3000 册
标准书号：ISBN 978-7-111-55770-8
定价：55.00 元

出 版 说 明

随着信息技术在各领域的迅速渗透，CAD/CAM/CAE 技术已经得到了广泛的应用，从根本上改变了传统的设计、生产、组织模式，对推动现有企业的技术改造、带动整个产业结构的变革、发展新兴技术、促进经济增长都具有十分重要的意义。

CAD 在机械制造行业的应用最早，使用也最为广泛。目前其最主要的应用涉及机械、电子、建筑等工程领域。世界各大航空、航天及汽车等制造业巨头不但广泛采用 CAD/CAM/CAE 技术进行产品设计，而且投入大量的人力、物力及资金进行 CAD/CAM/CAE 软件的开发，以保持自己技术上的领先地位和国际市场上的优势。CAD 在工程中的应用，不但可以提高设计质量，缩短工程周期，还可以节约大量建设投资。

各行各业的工程技术人员也逐步认识到 CAD/CAM/CAE 技术在现代工程中的重要性，掌握其中的一种或几种软件的使用方法和技巧，已成为他们在竞争日益激烈的市场经济形势下生存和发展的必备技能之一。然而，仅仅知道简单的软件操作方法是远远不够的，只有将计算机技术和工程实际结合起来，才能真正达到通过现代的技术手段提高工程效益的目的。

基于这一考虑，机械工业出版社特别推出了这套主要面向相关行业工程技术人员的"CAD/CAM/CAE 工程应用丛书"。本丛书涉及 AutoCAD、Pro/ENGINEER、Creo、UG、SolidWorks、Mastercam、ANSYS 等软件在机械设计、性能分析、制造技术方面的应用，以及 AutoCAD 和天正建筑 CAD 软件在建筑和室内配景图、建筑施工图、室内装潢图、水暖、空调布线图、电路布线图以及建筑总图等方面的应用。

本套丛书立足于基本概念和操作，配以大量具有代表性的实例，并融入了作者丰富的实践经验，使得本丛书内容具有专业性强、操作性强、指导性强的特点，是一套真正具有实用价值的书籍。

机械工业出版社

前　言

UG NX 11.0（也称 Siemens NX 11.0，简称 NX 11.0）是一款性能优良、集成度高的 CAD/CAM/CAE 综合应用软件，功能涵盖了产品的整个开发和制造过程，包括外观造型设计、建模、装配、工程制图、模拟分析、制造加工等。NX 系列软件在汽车、机械、航天航空、电器、玩具、模具加工等工业领域应用广泛。

本书以 UG NX 11.0 简体中文版为操作蓝本，采用理论与实践相结合的形式，深入浅出地介绍 UG NX 11.0 的使用环境和基本操作方法，同时又从工程实用的角度出发，结合作者多年的一线实际设计经验与培训经验，详细地讲解使用 UG NX 11.0 软件进行工程设计的思路、方法和技巧等。本书在策划的过程中，笔者就综合考虑了初学者或院校学生的学习规律和知识接受能力，并考虑了相关职业的技能要求，对 UG NX 11.0 相关内容进行了合理、严谨的编排，从易到难，循序渐进，学以致用，能使读者达到"不断扩展设计思路，快速掌握使用 UG NX 11.0 进行基本设计"的学习效果。

本书适合应用 NX 11.0 进行零件、产品、模具设计的读者使用，可以作为 UG NX 基础培训班学员、大中专院校相关专业师生的参考用书，也可供从事机械设计及相关行业的人员学习和参考使用。

1. 本书内容及知识结构

本书共分8章，各知识点环环相扣，每一章都配有思考练习题，以检验读者学习效果。

第 1 章介绍 UG NX 11.0 的一些基础知识，包括 UG NX 产品简介、UG NX 11.0 软件界面、文件管理基本操作、NX 系统配置基础、图层基础和 UG NX 基本操作等。

第 2 章介绍草图工作平面、绘制草图点、草图基本曲线绘制、草图编辑与操作、草图几何约束、草图尺寸约束、定向视图到草图、直接草图、草图综合实战演练等内容。

第 3 章介绍空间曲线与基准特征的实用知识。

第 4 章首先介绍实体建模入门概述，接着介绍如何创建体素特征，以及如何创建基本成形设计特征和扫掠特征，最后介绍一个实体建模综合范例。

第 5 章介绍特征操作及编辑的基础与应用知识，具体包括细节特征、布尔运算、抽壳、关联复制和特征编辑等。

第 6 章介绍曲面建模的知识，具体包括曲面基础概述、依据点创建曲面、通过曲线创建曲面、曲面的其他创建方法、编辑曲面、曲面加厚、缝合与取消缝合等。

第 7 章结合典型范例来介绍装配设计，主要内容包括装配设计基础、装配约束、使用装配导航器与约束导航器、组件应用和爆炸视图等，最后还将介绍一个装配综合应用范例。

第 8 章介绍的主要内容包括工程制图模块切换与进入、工程制图参数预设置、工程图纸的基本管理操作、生成视图、编辑视图、图样标注与注释、工程图综合实战案例等。

2. 本书特点及阅读注意事项

　　本书结构严谨、实例丰富、重点突出、步骤详尽、应用性强，兼顾设计思路和设计技巧，是一本很好的 UG NX 11.0 基础培训教程和自学教材。

　　在阅读本书时，配合书中实例进行上机操作，学习效果更佳。

　　本书提供配套学习资料，内含各章的一些参考模型文件和赠送的精选操作视频文件（AVI 视频格式），以辅助学习。

3. 配套资料使用说明

　　书中涉及的范例练习文件、应用范例参考模型文件均放在配套资料根目录下的"CH#"文件夹（"#"代表各章号）中。

　　操作视频文件位于配套资料根目录下的"操作视频"文件夹里。操作视频文件采用 AVI 格式，可以在大多数的播放器如 Windows Media Player、暴风影音等较新版本的播放器中播放。遇到播放问题时，可认真阅读光盘里的"readme.txt"文档寻求可能的解决方案。

　　本随书配套资料仅供学习之用，请勿擅自将其用于其他商业活动。

4. 技术支持及答疑等

　　如果读者在阅读本书时遇到什么问题，可以通过 E-mail 方式与我们联系，作者的电子邮箱为 sunsheep79@163.com。欢迎读者在设计梦网（www.dreamcax.com）注册会员，通过技术论坛获取技术支持及答疑沟通。

　　本书主要由钟日铭编写，参与编写的还有肖秋连、钟观龙、庞祖英、钟日梅、刘晓云、钟春雄、陈忠钰、周兴超、陈日仙、黄观秀、钟寿瑞、沈婷、钟周寿、邹思文、肖钦、赵玉华、钟春桃、曾婷婷、肖宝玉、肖世鹏、劳国红、肖秋引、黄后标和黄瑞珍。

　　书中如有疏漏之处，请广大读者不吝赐教。谢谢！

　　天道酬勤，熟能生巧，以此与读者共勉。

钟日铭

目　录

第1章　初识UG NX 11.0

本章导读

　　UG NX（又称 Siemens NX）是 Siemens PLM Software 公司开发的产品生命周期管理（PLM）软件，是当今世界上最先进和高度集成的 CAM/CAE/CAM 高端管理软件之一。本章介绍 UG NX 11.0 的一些基础知识，包括 UG NX 产品简介、UG NX 11.0 软件界面、文件管理基本操作、NX 系统配置基础、图层基础和 UG NX 基本操作等。

1.1　UG NX 产品简介

　　Siemens PLM Software 公司的旗舰数字化产品开发解决方案 NX 系列软件是值得推荐的，其性能优良、集成度高，功能涵盖了产品的整个开发和制造过程。NX 建立在为客户提供优秀的解决方案的成功经验基础之上，这些解决方案可以全面地提高设计过程的效率，削减成本，并缩短进入市场的时间。NX 的独特之处是其知识管理基础，工程专业人员可以用它推动革新以创造出更大的利润，还可以管理生产和系统性能知识，并根据已知准则来确认每一设计决策。利用 NX 强大而灵活的建模功能，工业设计师能够迅速地建立和改进复杂的产品形状，并且使用先进的渲染和可视化工具来最大限度地满足设计概念的审美要求。

　　UG NX 包括众多的设计应用模块，具有高性能的机械设计和制图功能，为制造设计提供高性能和灵活性以满足客户设计任何复杂产品的需要；UG NX 还具有钣金模块、专业的管路和线路设计系统、专用塑料件设计模块和其他行业设计所需的专业应用程序；UG NX 提供值得称赞的同步建模技术，提高了各类产品的开发速度，扩展了 NX 与第三方 CAD 应用数据有效协同工作的能力；UG NX 允许制造商以数字化的方式仿真、确认和优化产品及其开发过程，这样可以有效地改善产品质量，同时大大降低设计成本以及对变更周期的依赖。

　　另外，UG NX 产品开发解决方案支持制造商所需的一些工具，可用于管理过程并与扩展的企业共享产品信息。UG NX 与 Siemens PLM Software 公司其他解决方案的完整套件无缝结合，实现了在可控环境下协同设计、管理产品数据、转换数据等。

　　UG NX 系列软件应用广泛，尤其在高端工程领域。大部分飞机发动机和汽车发动机都采用 UG NX 进行设计。其主要大客户包括通用汽车、通用电气、福特、波音麦道、洛克希德-马丁、劳斯莱斯、普惠发动机、日产和克莱斯勒等。

　　UG NX 11.0 是 2016 年秋天 Siemens PLM Software 公司正式发布的新版本，在建模、验证、制图、仿真/CAE、工装设计和加工制造等方面新增或增强了很多实用功能，以进一步提高整个产品开发过程中的生产效率。

本书将结合软件功能、设计理论与典型范例来系统地介绍 UG NX 11.0 的相关实用知识。

1.2 UG NX 11.0 软件界面

以 Windows 10 操作系统为例，若要启动 UG NX 11.0，则在计算机视窗中单击"NX 11.0"快捷方式图标 ，或者在计算机视窗左下角单击"开始"按钮 ▦ 并接着选择"所有应用"|"Siemens NX 11.0"|"NX 11.0"命令，系统弹出如图 1-1 所示的 NX 11.0 启动界面。

图 1-1   NX 11.0 启动界面

该启动界面显示片刻后消失，系统打开 NX 11.0 的初始操作界面（也称 NX 基本环境界面），如图 1-2 所示。在初始操作界面的窗口中，可以查看一些基本概念、交互说明或开始使用信息等，这对初学者是很有帮助的。在初始操作界面中，将鼠标指针移至窗口中的左部要查看的选项处（这些选项包括"模板""部件""应用模块""资源条""命令查找器""对话框""显示模式""选择""视图操控""定制""快捷方式"和"帮助"），则在窗口中的右部区域显示所指选项的介绍信息。在初始操作界面中，用户可以创建或打开文件，也可以设置装配加载选项和用户默认设置等。

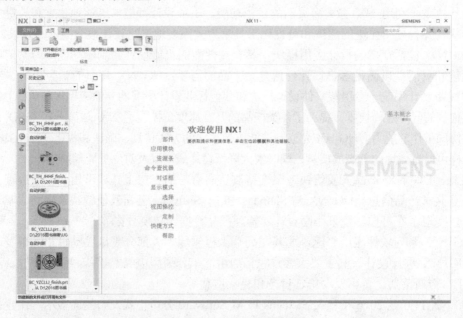

图 1-2   NX 11.0 初始操作界面

在初始操作界面中，单击"新建"按钮□以打开"新建"对话框，从中指定所需的模块和文件名称等，接着单击"确定"按钮，进入主工作界面。图 1-3 为从事建模设计的一个主工作界面，该主工作界面主要由标题栏、"快速访问"工具栏、功能区、上边框条、资源板（包括资源条）、图形窗口和信息提示区（即状态栏）等几部分组成。其中，上边框条位于功能区的下方，包含"菜单"按钮□菜单(M)▼、"选择"工具栏（可简称为选择条）、"视图"工具栏和"实用程序"工具栏。而资源板包括一个资源条和相应的显示列表框（或称导航器），资源条上的选项工具包括"装配导航器"□、"约束导航器"□、"部件导航器"□、"重用库"□、"HD3D 工具"□、"Web 浏览器"□、"历史记录"□、"Process Studio"□、"加工向导"□和"角色"按钮□。在资源板的资源条上单击相应的选项工具（图标），即可将相应的资源信息显示在资源板列表框（相应导航器）中。用户通过资源板的"历史记录"列表框可以快速地找到近期打开过的文件模型。

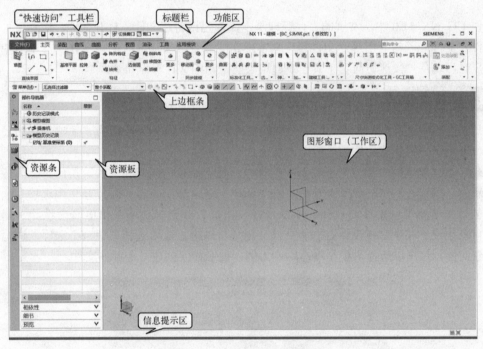

图 1-3　NX 11.0 主工作界面

另外，信息提示区（也称状态栏）包括提示行和状态行，如图 1-4 所示。提示行用于显示当前操作的相关信息，如提示操作的具体步骤，并引导用户来选择；状态行用于显示操作的执行情况。在状态栏的右侧提供一个实用的"切换全屏模式"按钮□，该按钮用于进入或退出全屏模式。

图 1-4　信息提示区（即状态栏）

完成设计会话后，若要退出 UG NX 11.0 系统，可在功能区的"文件"选项卡中选择"退出"命令，或者直接在屏幕右上角单击标题栏右部的"关闭"按钮✕。如果当前文件已

修改但未保存，则系统将弹出如图 1-5 所示的"退出"对话框，用户可以在"退出"对话框中单击相应的按钮来保存文件并退出 UG NX 11.0，或者不保存文件直接退出 UG NX 11.0，而如果单击"取消"按钮，则取消退出 UG NX 11.0 的命令操作。

图 1-5 "退出"对话框

1.3 文件管理基本操作

在 UG NX 11.0 中，常用的文件管理基本操作包括新建文件、打开文件、保存文件、关闭文件、文件导入与导出等。文件管理基本操作的命令位于功能区的"文件"选项卡中，当然用户也可以从"快速访问"工具栏中启用某些常用的文件操作命令。

1.3.1 新建文件

"新建"命令用于新建一个指定类型的文件，其对应的工具按钮为"新建"按钮 。下面以一个范例介绍新建文件的一般操作步骤。

❶ 在功能区的"文件"选项卡中选择"新建"命令，或者在"快速访问"工具栏中单击"新建"按钮 ，弹出如图 1-6 所示的"新建"对话框。该对话框具有 9 个选项卡，分别用于创建关于模型（部件）设计、图纸设计、仿真、加工、检测、机电概念设计、船舶结构、自动化设计和生产线设计方面的文件。用户可以根据需要选择其中一个选项卡进行设置来新建文件，这里以选择"模型"选项卡为例，说明如何创建一个部件文件。

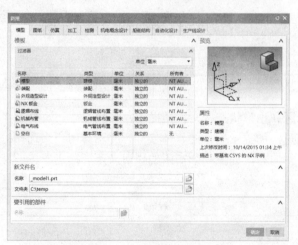

图 1-6 "新建"对话框

❷ 切换到"模型"选项卡，从"模板"选项组的"单位"下拉列表框中选择单位选项（可供选择的单位选项有"毫米""英寸"和"全部"），接着从"模板"列表中选择所需的一

个模板。

③ 在"新文件名"选项组的"名称"文本框中输入新建文件的名称或接受默认名称。在"文件夹"框中指定文件的存放目录。单击位于"文件夹"框右侧的按钮 ，则打开如图 1-7 所示的"选择目录"对话框，从中选择所需的目录，或者在选定目录的情况下单击"创建新文件夹"按钮 来创建所需的目标目录，指定目标目录后单击"选择目录"对话框中的"确定"按钮。

图 1-7 "选择目录"对话框

④ 在"新建"对话框中设置好相关的内容后，单击"确定"按钮。

1.3.2 打开文件

要打开一个已存在的文件，可在功能区的"文件"选项卡中选择"打开"命令，或者在"快速访问"工具栏中单击"打开"按钮 ，系统弹出如图 1-8 所示的"打开"对话框，利用该对话框设定所需的文件类型，选择要打开的文件，并可设置预览选定的文件以及设置是否加载设定内容等。若单击"打开"对话框中的"选项"按钮，则可利用弹出的如图 1-9 所示的一个对话框设置装配加载选项。从指定目录范围中选择要打开的文件后，单击"打开"对话框中的"OK"按钮即可。

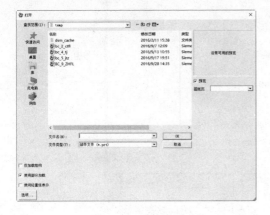

图 1-8 "打开"对话框

图 1-9 "装配加载选项"对话框

1.3.3 保存操作

在功能区"文件"选项卡的"保存"级联菜单中提供了多种保存操作命令，包括"保存""仅保存工作部件""另存为""全部保存""保存书签"和"保存选项"命令，这些命令的功能含义如表1-1所示。

表1-1 保存操作命令的功能含义

序号	保存操作命令	功能含义
1	"保存"	保存工作部件和任何已经修改的组件，其快捷键为〈Ctrl+S〉
2	"仅保存工作部件"	仅将工作部件保存起来
3	"另存为"	使用其他名称保存此工作部件
4	"全部保存"	保存所有已修改的部件和所有的顶层装配部件
5	"保存书签"	在书签文件中保存装配关联，包括组件可见性、加载选项和组件组
6	"保存选项"	定义保存部件文件时要执行的操作

1.3.4 关闭文件

在功能区的"文件"选项卡中提供了一个"关闭"级联菜单，如图1-10所示，其中包含多种关闭文件的命令。用户可以根据实际情况选用一种关闭命令。例如，从功能区的"文件"选项卡中选择"关闭"|"保存并关闭"命令，可以保存并关闭工作部件。

图1-10 功能区"文件"选项卡的"关闭"级联菜单

1.3.5 文件导入与导出

通过 UG NX 11.0 数据交换接口，可以与其他设计软件共享数据，以便充分发挥各种设计软件的优势。在 UG NX 11.0 中，可以将其自身的模型数据转换为多种数据格式文件以便被其他设计软件调用，也可以读取其他设计软件所生成的特定类型的数据文件。

UG NX 11.0 数据交换的类型很多，这主要是通过选择功能区"文件"选项卡的"导入"级联菜单和"导出"级联菜单中的命令来完成的。

1.4 NX 系统配置基础

用户可以根据自己的实际情况和设计规则来对 NX 系统进行个性化配置。NX 系统配置基础包括定制用户默认设置、设置首选项和使用"角色"功能等。

1.4.1 定制用户默认设置

在功能区的"文件"选项卡中选择"实用工具"|"用户默认设置"命令，弹出如图 1-11 所示的"用户默认设置"对话框，利用该对话框可以在站点、组和用户级别控制众多命令和对话框的初始设置及参数，从而达到定制个性化工作环境的效果。在"用户默认设置"对话框中更改好内容后，单击"确定"按钮。对"用户默认设置"的更改需要重启 NX 后才能生效，之后新建文件将继承对"用户默认设置"的更改。

图 1-11 "用户默认设置"对话框

1.4.2 设置首选项

在上边框条中单击"菜单"按钮 菜单(M)，接着可以展开"首选项"级联菜单，该级联菜单会根据当前应用模块和文件提供相应的首选项命令。用户也可以从功能区的"文件"选项卡的"首选项"级联菜单中选择相应的首选项命令。通过相关首选项命令，用户可以设置用户界面、资源板、背景、对象显示、可视化性能、草图、制图、装配等和当前应用模块或文件相关的设置。需要说明的是，首选项设置只对当前应用模块、当前文件有效，而新建文件不继承对首选项的更改。

1.4.3 使用"角色"功能

在 UG NX 11.0 中，"角色"功能为用户提供了一种先进的界面控制方式，可根据用户的经验水平、行业或公司标准保留相应任务所需的工具。不同的角色界面保留不同任务所需的工具命令。UG NX 11.0 为用户提供了多种预设内容角色，如"基本功能"角色、"CAM 基本功能"角色、"CAM 高级功能"角色、"高级"角色和"布局"角色等。其中，"基本功能"角色是 NX 初始默认使用的角色，该角色的界面仅提供一些常用的命令工具，比较适合第一次使用 NX 的新手用户或临时用户使用。另外，还提供与演示相关的"高清""触摸屏"和"触摸板"等角色。

用户可以根据自身情况调用适合自己的角色。若要更改默认角色，则在资源条中单击"角色"按钮 ，以切换至"角色"资源板窗口，接着打开"内容"或"演示"文件夹，从中选择所需的角色即可，如图 1-12 所示。

图 1-12　切换角色

本书使用的 UG NX 11.0 以调用"高级"内容角色为例，书中所有范例都是在"高级"角色下进行操作的。"高级"角色提供了一组更广泛的工具命令，不但支持简单的设计任务，还支持高级的设计任务。

1.5　图层基础

在很多设计软件中都具有图层的概念，UG NX 也不例外。图层好比一张透明的薄纸，用户可以使用设计工具在该薄纸上绘制任意数目的对象，这些透明的薄纸叠放在一起便构成完整的设计项目。系统默认为每个部件提供 256 个图层，但只能有一个是工作图层，工作图层是指创建时对象所在的图层。用户可以根据设计情况来选择所需的图层作为工作图层，并可以设置哪些图层为可见层。

1.5.1 图层设置

在功能区的"视图"选项卡的"可见性"组中单击"图层设置"按钮 ，将打开如图 1-13 所示的"图层设置"对话框，从中可查找来自对象的图层，设置工作图层、可见图层和不可见图层，并可以定义图层的类别名称等。其中，如果在"工作图层"文本框中输入一个所需要的图层号，那么该图层就被指定为工作图层，注意图层号的范围为 1~256。用户也可以在上边框条的"视图"工具栏的"工作图层"框（要经过设置才能将"工作图层"框显示在"视图"工具栏中）中设置哪个图层作为工作图层。

一个图层的状态有 4 种，即"可选""工作图层""仅可见"和"不可见"。在"图层设置"对话框的"图层"选项组中，通过按范围/类别选择图层，例如，指定图层范围或类别后，从"图层"列表框中选择一个图层，此时可激活"图层控制"子选项组中的全部或部分按钮，如图 1-14 所示。用户可以根据需要单击"设为可选"按钮 、"设为工作图层"按钮 、"设为仅可见"按钮 或"设为不可见"按钮 以将所选图层设为可选的、工作状态的、仅可见的或不可见的。

图 1-13 "图层设置"对话框

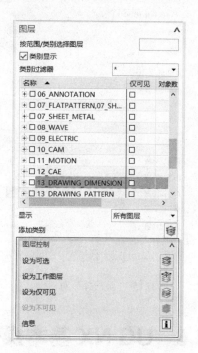

图 1-14 "图层控制"子选项组

1.5.2 移动至图层

可以将对象从一个图层移动到另一个图层中，操作步骤如下。

❶ 在没有选择图形对象的情况下，在功能区的"视图"选项卡的"可见性"组中单击"移动至图层"按钮 ，系统弹出如图 1-15 所示的"类选择"对话框。

❷ 通过"类选择"对话框，在图形窗口或部件导航器中选择要移动的对象，注意，在进行选择操作时，可以巧妙地使用过滤器组合来设定选择范围，选择好图形对象后，单击"确定"按钮，系统弹出如图 1-16 所示的"图层移动"对话框，同时系统提示用户选择要放置已选对象的图层。

❸ 在图层列表中选择目标图层，则在"目标图层或类别"文本框中显示选择的结果。为了确认要移动的对象准确无误，可以在"图层移动"对话框中单击"重新高亮显示对象"按钮，这样选取的对象将在图形窗口中高亮显示。如果选择新对象作为要移动的对象，那么可单击"选择新对象"按钮，接着利用打开的"类选择"对话框选择要移动的新对象。

④ 确认要移动的对象和要移动到的目标图层后，在"图层移动"对话框中单击"应用"按钮或"确定"按钮。

另外，在功能区的"视图"选项卡的"可见性"组中单击"更多"|"复制至图层"按钮 😎，可以将选定对象从一个图层复制到另一个图层。具体操作方法和"移动至图层"类似，不再赘述。

图 1-15 "类选择"对话框

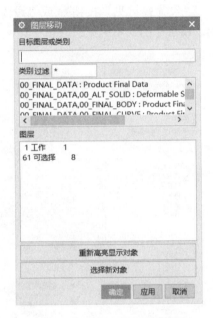

图 1-16 "图层移动"对话框

1.6 UG NX 基本操作

本节介绍的 UG NX 基本操作包括视图基本操作和选择对象操作。

1.6.1 视图基本操作

视图基本操作包括视图方位操作和模型显示样式选用等，其常用工具位于功能区的"视图"选项卡中。在上边框条的"视图"工具栏中也可以找到一些常用的视图基本操作工具。下面列举一些常用的视图基本操作工具。

- "缩放"按钮 🔍：单击此按钮，按下鼠标左键画一个矩形并松开鼠标左键，可缩放视图的某一个特定区域。
- "平移"按钮 🖐：单击此按钮，通过按鼠标左键并拖动鼠标来平移视图。
- "旋转"按钮 ○：单击此按钮，通过按鼠标左键并拖动鼠标可以旋转视图。
- "适合窗口"按钮 ⊞：调整工作视图的中心和比例以显示所有对象。
- "正三轴测图"按钮 🐭：定位工作视图以同正三轴测图对齐，其快捷键为〈Home〉。
- "俯视图"按钮 🔲：定位工作视图以同俯视图对齐，即将工作视图调整为俯视图。

- "正等测图"按钮：定位工作视图以同正等测图对齐，其快捷键为〈End〉。
- "左视图"按钮：定位工作视图以同左视图对齐。
- "前视图"按钮：定位工作视图以同前视图对齐。
- "右视图"按钮：定位工作视图以同右视图对齐。
- "后视图"按钮：定位工作视图以同后视图对齐。
- "仰视图"按钮：定位工作视图以同仰视图对齐。
- "带边着色"按钮：用光顺着色和打光渲染工作视图中的面并显示面的边。
- "着色"按钮：用光顺着色和打光渲染工作视图中的面（不显示面的边）。
- "带有隐藏边的线框"按钮：按边几何元素、不可见隐藏边渲染（工作视图中的）面，并在旋转视图时动态更新面。
- "带有淡化边的线框"按钮：按边几何元素渲染（工作视图中的）面，使隐藏边淡化，并在旋转视图时动态更新面。
- "静态线框"按钮：按边几何元素渲染（工作视图中的）面，但旋转视图后必须用"更新显示"来校正隐藏边和轮廓线。
- "局部着色"按钮：用光顺着色和打光渲染工作视图中的局部着色面，按边几何元素渲染剩余的面。
- "艺术外观"按钮：根据指派的基本材料、纹理和光逼真地渲染工作视图中的面。
- "面分析"按钮：用曲面分析数据渲染工作视图中的面来分析面，用边几何元素渲染剩余的面。

此外，使用鼠标可以快捷地进行一些视图操作，如表 1-2 所示。

表 1-2　使用鼠标进行的一些视图操作

序号	视图操作	具体操作说明	备注
1	旋转模型视图	在图形窗口中，按住鼠标中键（MB2）的同时拖动鼠标，可以旋转模型视图	若要围绕某一位置旋转，则可先在该位置按住鼠标中键（MB2）一小段时间，再同时拖动鼠标来旋转视图
2	平移模型视图	在图形窗口中，按住鼠标中键和右键（MB2+MB3）的同时拖动鼠标，可以平移模型视图	也可以按住〈Shift〉键和鼠标中键（MB2）的同时拖动鼠标来实现
3	缩放模型视图	在图形窗口中，按住鼠标左键和中键（MB1+MB2）的同时拖动鼠标，可以缩放模型视图	也可以使用鼠标滚轮，或者按住〈Ctrl〉键和鼠标中键（MB2）的同时移动鼠标

1.6.2 选择对象操作

在设计工作中，免不了要进行选择对象的操作。通常，要选择一个对象，只要将鼠标移至该对象上单击鼠标左键即可，重复此操作可以继续选择其他对象。要取消选择对象，按住〈Shift〉键并单击该对象。按〈Esc〉键，同样可以清除当前选择。

当多个对象相距很近时，可以使用"快速拾取"对话框来选择所需的对象，其方法是将鼠标指针置于要选择的对象上保持不动，待鼠标指针旁出现 3 个点时，单击鼠标左键便打开"快速拾取"对话框，如图 1-17 所示，在该对话框的列表中列出鼠标指针下的多个对象，从该列表中指向某个对象使其高亮显示，然后单击即可选择它。用户也可以在对象上按住鼠标左键，当鼠标指针旁出现 3 个点时再释放鼠标左键，此时也会弹出"快速拾取"对话框，然后通过"快速拾取"对话框的过滤工具和列表选择所需对象。

在执行某些工具命令的过程中要选择对象时，可以灵活地利用上边框条的选择条（即"选择"工具栏，见图 1-18）来设置点捕捉样式或曲线选择规则等，接着便可使用鼠标快速准确地选择所需的对象。选择条会根据当前命令提供适宜的选择规则工具。另外，使用选择条中的矩形或套索工具，可以进行多个对象的选择操作。

图 1-17 "快速拾取"对话框　　　　　图 1-18　位于上边框条的选择条

1.7　思考练习

1）UG NX 11.0 的主工作界面主要由哪些要素构成？

2）在 UG NX 11.0 中，可以导入哪些类型的数据文件？可以将在 UG NX 11.0 设计的模型导出为哪些类型的数据文件？

3）如何进行用户默认设置？

4）在 UG NX 11.0 中，使用"角色"功能有什么好处？

5）一个图层的状态有哪 4 种？

6）使用鼠标如何快捷地进行视图平移、旋转、缩放操作？

7）总结选择对象的常用方法和步骤。

8）在设计过程中，按键盘上的〈End〉键或〈Home〉键可以实现什么样的视图效果？

第2章 草 图

本章导读

　　UG NX 11.0 为用户提供了功能强大且操作简便的草图功能。进入草图模式后，用户可根据设计意图，大概勾画出二维图形，接着利用草图的尺寸约束和几何约束功能精确地确定草图对象的形状、相互位置等。草图是建立三维特征的一个重要基础。

　　本章重点介绍的内容包括草图工作平面、创建草图点、草图基本曲线绘制、草图编辑与操作、草图几何约束、草图尺寸约束、直接草图、草图综合实战演练等。

2.1 草图工作平面

　　要绘制草图对象，首先需要指定草图平面（用于附着草图对象的平面），就像绘画需要准备好图纸一样。本节主要介绍定义草图工作平面的相关知识。

2.1.1 草图平面概述

　　用于绘制草图的平面通常称为"草图平面"，它可以是任意一个坐标平面（如 XC-YC 平面、XC-ZC 平面、YC-ZC 平面），也可以是某一个基准平面或实体上的某一个平面。

　　在实际设计工作中，用户可以在创建草图对象之前便按照设计要求来指定合适的草图平面。当然，也可以在创建草图对象时使用默认的草图平面，然后重新附着新草图平面。

　　UG NX 11.0 为用户提供"草图"按钮 和"在任务环境中绘制草图"按钮 这两个创建草图的实用工具，前者用于在当前应用模块中直接创建草图，可使用直接草图工具来添加曲线、尺寸、约束等；后者则用于创建草图并进入"草图"任务环境。下面以"在任务环境中绘制草图"按钮 为例进行介绍。

　　在功能区的"曲线"选项卡中单击"在任务环境中绘制草图"按钮 ，或者在上边框条中单击"菜单"按钮 并接着选择"插入"|"在任务环境中绘制草图"命令，打开如图 2-1 所示的"创建草图"对话框。在"草图类型"下拉列表框中选择"在平面上"或"基于路径"来定义草图类型。

图 2-1 "创建草图" 对话框

说明：如果在功能区的"曲线"选项卡中没有显示"在任务环境中绘制草图"按钮🗒，那么可以在功能区的"曲线"选项卡最右侧单击"功能区选项"按钮▾，接着从打开的下拉菜单中选中"在任务环境中绘制草图"工具，从而设置在功能区的"曲线"选项卡中显示"在任务环境中绘制草图"按钮🗒，如图 2-2 所示。

图 2-2 设置在功能区显示所需工具按钮

2.1.2 在平面上

"在平面上"实际上是指指定一个平面作为草图的工作平面。选择"在平面上"草图类型时，可以从"平面方法"下拉列表框中选择"自动判断"和"新平面"两种平面方法之一来定义草图工作平面。

1. 自动判断

当从"平面方法"下拉列表框中选择"自动判断"选项时，将需要设定草图 CSYS 参考、原点方法和指定 CSYS。"参考"选项为"水平"或"竖直"，"原点方法"为"指定点"或"使用工作部件原点"，从"指定 CSYS"下拉列表框中选择"自动判断"选项🕭、"平面、X 轴、点"选项🕭或"平面、Y 轴、点"选项🕭，接着选择所需的对象去完成定义草图 CSYS，如图 2-3 所示。如果在"指定 CSYS"下拉列表框左侧单击"CSYS 对话框"按钮🕭，则弹出如图 2-4 所示的"CSYS"对话框，利用此对话框定义所需的 CSYS。

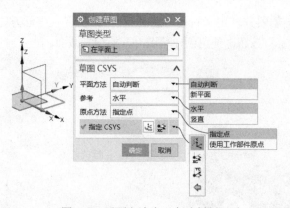

图 2-3 平面方法为"自动判断"时

图 2-4 "CSYS"对话框

2. 新平面

当从"平面方法"下拉列表框中选择"新平面"选项时，可以从"指定平面"下拉列表框中选择一个图标选项来指定新平面，如图 2-5 所示，接着分别设置草图方向和草图原点。如果在"草图平面"选项组中单击"平面构造器"按钮 （也称"平面对话框"按钮），就会弹出如图 2-6 所示的"平面"对话框，通过该"平面"对话框设置平面类型，并根据平面类型来选择参照对象或设置相应的参数，从而创建一个所需的平面。

图 2-5 平面方法为"新平面"时

图 2-6 "平面"对话框

例如，在"草图平面"选项组的"平面方法"下拉列表框中选择"新平面"选项，从"指定平面"下拉列表框中选择"YC-ZC 平面"图标选项 ，接着在出现的"距离"屏显文本框中输入所需的偏移距离（如输入偏移距离为"10"），按〈Enter〉键确认，然后在"草图方向"选项组的"参考"下拉列表框中选择"水平"选项，并从"指定矢量"下拉列表框中选择"YC 轴"图标选项 以定义草图方向，在"草图原点"选项组的"原点方法"下拉列表框中选择"使用工作部件原点"选项，最后单击"确定"按钮，便可创建一个满足特定设计要求的新平面作为草图平面。

2.1.3 基于路径

"基于路径"草图类型是指指定一条轨迹路径，通过轨迹路径来确定一个平面作为草图的工作平面。当选择"基于路径"草图类型时，需要分别定义轨迹（路径）、平面位置、平面方位和草图方向，如图2-7所示，然后单击"确定"按钮，便可创建草图并开始绘制截面。

图2-7　指定草图类型为"基于路径"

2.1.4　重新附着草图

用户可以根据设计情况来修改草图的附着平面，即进行"重新附着草图"操作。通过该操作可以将草图附着到另一个平面、基准平面或路径，或者更改草图方向。下面介绍在创建草图对象之后重新附着草图的方法。

❶ 创建草图对象并确保处于当前活动草图中以后，在功能区的"主页"选项卡的"草图"组中单击"重新附着"按钮，打开如图2-8所示的"重新附着草图"对话框。

❷ 利用"重新附着草图"对话框，重新指定一个草图平面，或更改当前草图方向。

❸ 在"重新附着草图"对话框中单击"确定"按钮。

图2-9所示为一个重新附着草图的例子。在该例子中，原来指定的草图平面为实体模型的上顶面，在该草图平面内绘制所需的草图对象，之后因为设计变更而需要将该草图对象重新附着到该实体模型的一个侧面。

图2-8　"重新附着草图"对话框

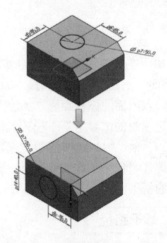

图2-9　重新附着草图的示例

2.2　绘制草图点

　　单击"在任务环境中绘制草图"按钮，利用"创建草图"对话框指定草图平面后进入草图任务环境，接着在草图平面中可以绘制点对象，这些位于草图平面中的点称为草图点。若要在当前草图任务环境中绘制草图点，则在功能区的"主页"选项卡的"曲线"组中单击"点"按钮，系统弹出如图 2-10 所示的"草图点"对话框，利用该对话框提供的工具指定草图点的位置即可。用于指定草图点的工具包括"自动判断的点"、"光标位置"、"终点"、"现有点"、"控制点"、"交点"、"圆弧中心/椭圆中心/球心"、"象限点"、"曲线/边上的点"、"样条极点"和"样条定义点"。

图 2-10　"草图点"对话框

2.3　草图基本曲线绘制

　　草图基本曲线命令包括"轮廓""直线""圆弧""圆""圆角""倒斜角""矩形""多边形""艺术样条""拟合曲线""椭圆"和"二次曲线"，这些命令的工具按钮位于草图绘制环境的"曲线"组中。下面介绍在草图绘制环境中如何绘制部分基本曲线。

2.3.1　绘制轮廓线

　　若要绘制轮廓线，则进入草图绘制环境后，在功能区的"主页"选项卡的"曲线"组中单击"轮廓"按钮，打开如图 2-11 所示的"轮廓"对话框，该对话框提供了轮廓的对象类型（"直线"和"圆弧"）和相应的输入模式（"坐标模式" XY 和"参数模式"）。利用"轮廓"功能，可以以线串模式创建一系列连接的直线和圆弧（包括直线和圆弧的组合），注意，上一段曲线的终点变为下一段曲线的起点。在绘制轮廓线的直线段或圆弧段时，用户可以设计需要在"坐标模式" XY 和"参数模式"两个输入模式之间切换。

　　绘制轮廓线的示例如图 2-12 所示。

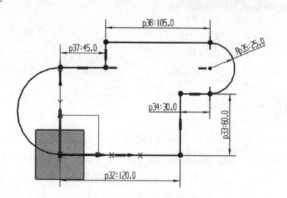

图 2-11　"轮廓"对话框　　　　　　　　图 2-12　绘制轮廓线示例

2.3.2　绘制直线

若要绘制直线，则在功能区的"主页"选项卡的"曲线"组中单击"直线"按钮／，系统弹出如图 2-13 所示的"直线"对话框，从中选择所需的输入模式。可供选择的输入模式有"坐标模式" XY 和"参数模式" 凸。

下面介绍绘制直线的一个简单例子：单击"直线"按钮／，默认接受"直线"对话框中的输入模式为"坐标模式" XY，在屏显栏中输入 XC 值为"35"、YC 值为"25"，此时系统自动切换到"参数模式" 凸，分别输入长度值为"69"和角度值为"30"，如图 2-14 所示，确认输入后便完成该条直线的绘制。

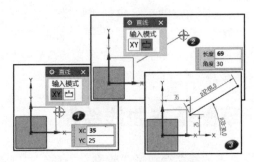

图 2-13　"直线"对话框　　　　　　　　　图 2-14　绘制直线的典型例子

2.3.3　绘制圆

若要绘制圆，可在功能区的"主页"选项卡的"曲线"组中单击"圆"按钮○，打开如图 2-15 所示的"圆"对话框，该对话框提供了"圆方法"和"输入模式"两个选项组。其中，"圆方法"选项组中有以下两个方法按钮。

- ⊙：通过指定圆心和直径来绘制圆，如图 2-16 所示。
- ○：通过指定三个有效点绘制圆，如图 2-17 所示。

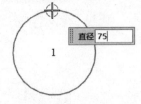

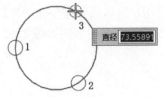

图 2-15　"圆"对话框　　　图 2-16　圆心和直径定圆　　　图 2-17　三点定圆

2.3.4　绘制圆弧

若要绘制圆弧，可在功能区的"主页"选项卡的"曲线"组中单击"圆弧"按钮⌒，打开如图 2-18a 所示的"圆弧"对话框。该对话框提供了"圆弧方法"选项组和"输入模式"选项组，其中"圆弧方法"选项组中提供了"三点定圆弧"按钮⌒和"中心和端点定圆弧"按钮⌒。当在"圆弧方法"选项组中单击"三点定圆弧"按钮⌒时，则可以通过指定三个有效点来绘制圆弧，如图 2-18b 所示；当在"圆弧方法"选项组中单击"中心和端点定圆弧"按钮 时，可通过指定中心和端点来绘制圆弧，如图 2-18c 所示。

a)

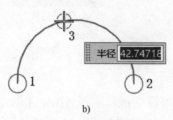
b)

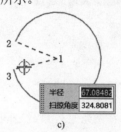

c)

图 2-18 绘制圆弧

a) "圆弧"对话框 b) 三点定圆弧 c) 中心和端点定圆弧

2.3.5 绘制矩形

在功能区的"主页"选项卡的"曲线"组中单击"矩形"按钮 ，系统弹出如图 2-19 所示的"矩形"对话框，该对话框提供了三种矩形方法和两种输入模式。三种矩形方法说明如下。

- ：通过指定两点来绘制矩形，如图 2-20 所示。

图 2-19 "矩形"对话框

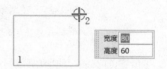

图 2-20 按两点绘制矩形

- ：按三点绘制矩形，如图 2-21 所示。
- ：从中心创建矩形，如图 2-22 所示，指定的第 1 点作为矩形的中心。

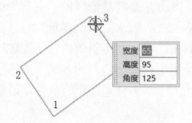

图 2-21 按三点绘制矩形

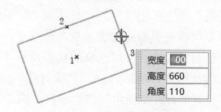

图 2-22 从中心创建矩形

2.3.6 绘制圆角

在草图设计中，有时需要在两条或三条曲线之间绘制圆角。在草图任务环境中绘制圆角的方法及步骤如下。

❶ 在功能区的"主页"选项卡的"曲线"组中单击"圆角"按钮 ，打开如图 2-23 所示的"圆角"对话框。

❷ 在"圆角"对话框中指定圆角方法，如"修剪" 或"取消修剪" ，接着根据设计要求来设置圆角选项。

❸ 选择图元对象来创建圆角，可在出现的"半径"文本框中输入圆角半径值，示例如图 2-24 所示。

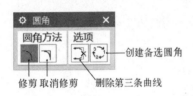

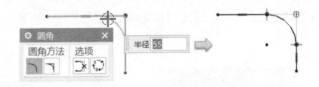

图 2-23 "圆角"对话框   图 2-24 示例：创建修剪方式的圆角

在两条平行直线之间同样可以创建圆角。例如，在创建圆角时设置圆角方法为"修剪"，接着选择两条平行直线，如图 2-25a 所示，然后在所需的位置处单击以放置圆角，如图 2-25b 所示。

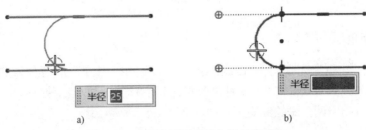

a)   b)

图 2-25 在两条平行直线之间创建圆角

a) 选择两条平行直线   b) 放置圆角

如果在放置圆角之前，在"圆角"对话框的"选项"选项组中单击"创建备选圆角"按钮，则可获得另一种可能的圆角效果，然后在所需位置处单击以放置圆角。

2.3.7 绘制倒斜角

可以对草图线之间的尖角进行适当的倒斜角处理，其方法是在功能区的"主页"选项卡的"曲线"组中单击"倒斜角"按钮，系统弹出如图 2-26 所示的"倒斜角"对话框，接着选择要倒斜角的两条曲线，或者选择交点来进行倒斜角，在"要倒斜角的曲线"选项组中设置"修剪输入曲线"复选框的状态，在"偏置"选项组中选择倒斜角的方式（或描述为倒斜角的标注形式），如"对称""非对称"或"偏置和角度"，并设置相应的参数，最后确定倒斜角位置即可。倒斜角的典型示例如图 2-27 所示。

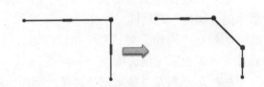

图 2-26 "倒斜角"对话框   图 2-27 绘制倒斜角的典型示例

2.3.8 绘制多边形

在草图任务环境中，可以很方便地创建具有指定数量的边的多边形。其方法是在功能区的"主页"选项卡的"曲线"组中单击"多边形"按钮，系统弹出如图 2-28 所示的"多边形"对话框，接着依次指定多边形的中心点、边数和大小参数即可。其中多边形的大小方法选项有三种，即"内切圆半径""外接圆半径"和"边长"，另外可以设置正多边形的旋转角度。绘制好一个设定大小参数的多边形后，可以继续绘制以该大小参数为默认值的多边形，直到在"多边形"对话框中单击"关闭"按钮结束绘制多边形的命令操作。

图 2-29 所示为绘制的一个边数为 8 的正多边形（即正八边形），其大小方法选项选择为"内切圆半径"，其内切圆半径值为 65mm、旋转角度为 30deg。

图 2-28 "多边形"对话框

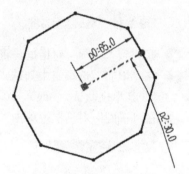

图 2-29 示例：绘制正八边形

2.3.9 绘制椭圆

若要在草图任务环境中创建椭圆，可在草图任务环境的功能区"主页"选项卡的"曲线"组中单击"椭圆"按钮，打开"椭圆"对话框，如图 2-30 所示。利用"中心"选项组来指定椭圆中心，接着在相应的选项组中设置椭圆的大半径、小半径、限制条件和旋转角度即可。注意，如果要创建完整的椭圆，那么需要确保在"限制"选项组中勾选"封闭"复选框；如果只是要创建一部分椭圆弧段，那么在"限制"选项组中取消勾选"封闭"复选框，接着根据设计要求设置起始角和终止角，如图 2-31 所示。

学习范例：在指定平面中绘制一个椭圆。该范例椭圆的绘制步骤如下。

① 在草图任务环境下，从功能区"主页"选项卡的"曲线"组中单击"椭圆"按钮打开"椭圆"对话框。

② 在"椭圆"对话框的"中心"选项组中单击"点构造器"按钮，系统弹出"点"对话框。

③ 在"点"对话框的"坐标"选项组中，从"参考"下拉列表框中选择"绝对-工作部件"选项，分别设置 X 为"80"、Y 为"90"、Z 为"0"，如图 2-32 所示，然后单击"确定"按钮。

图 2-30 "椭圆"对话框　　　　　　　　图 2-31　设置椭圆弧的限制条件

④ 返回到"椭圆"对话框，将大半径设置为"75"、小半径设置为"36"。

⑤ 在"限制"选项组中勾选"封闭"复选框，在"旋转"选项组的"角度"文本框中输入"30"（其单位默认为 deg）。

⑥ 在"椭圆"对话框中单击"确定"按钮，创建的椭圆如图 2-33 所示。

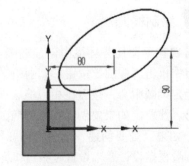

图 2-32 "点"对话框　　　　　　　　　图 2-33　创建椭圆

2.3.10　绘制艺术样条

若要在草图中绘制艺术样条，可在"曲线"组中单击"艺术样条"按钮 ，系统弹出如图 2-34 所示的"艺术样条"对话框。使用该对话框，可通过拖放定义点或极点并在定义点处指定斜率或曲率约束，动态创建和编辑样条曲线。也就是说，可以创建两种类型的艺术样条，一种类型是"通过点"，另一种类型则是"根据极点"。

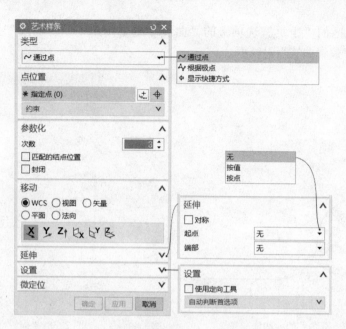

图 2-34 "艺术样条"对话框

在"艺术样条"对话框的"类型"选项组的下拉列表框中选择"通过点"选项，则通过依次指定一系列点绘制样条曲线，其典型示例如图 2-35 所示。在"艺术样条"对话框的"类型"选项组的下拉列表框中选择"根据极点"选项，则根据极点创建样条曲线，示例如图 2-36 所示。

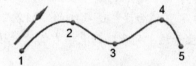

图 2-35 通过点创建样条曲线

图 2-36 根据极点创建样条曲线

如果在"艺术样条"对话框的"参数化"选项组中勾选"封闭"复选框，那么完成创建的样条是首尾闭合的。

2.4 草图编辑与操作

用于草图编辑与操作的工具命令包括"偏置曲线""阵列曲线""镜像曲线""交点""添加现有曲线""快速修剪""快速延伸"和"制作拐角"等。

2.4.1 偏置曲线

在草图任务环境中，使用"插入"|"来自曲线集的曲线"|"偏置曲线"命令，可以按照设定的方式偏置位于草图平面上的曲线链。

下面以一个范例来介绍如何创建偏置曲线。

❶ 在草图平面中绘制好所需的曲线链，如绘制如图 2-37 所示的轮廓曲线。

②　在功能区的"主页"选项卡的"曲线"组中单击"偏置曲线"按钮 ，打开如图 2-38 所示的"偏置曲线"对话框。

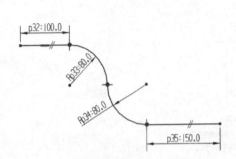

图 2-37　准备好的曲线链

图 2-38　"偏置曲线"对话框

③　在图形窗口中选择要偏置的曲线链。在选择曲线时，应该注意曲线规则的预先设置，如在本例中，在选择条的"曲线规则"下拉列表框中选择"相切曲线"，接着在图形窗口中单击曲线以选中整条相切的曲线链。

说明：如果在"要偏置的曲线"选项组中单击"添加新集"按钮 ，那么可以选择第二组要偏置的曲线，添加的新集将显示在"要偏置的曲线"选项组的"列表"列表框中。对于不理想或不需要的选定曲线集，可以单击位于该"列表"列表框右侧的"移除"按钮 将其从列表中删除。

④　在"偏置"选项组中设置如图 2-39 所示的偏置选项及参数。其中，勾选"对称偏置"复选框表示向两侧均创建偏置曲线。

⑤　在"链连续性和终点约束"选项组中勾选"显示拐角"复选框和"显示终点"复选框，如图 2-40 所示。

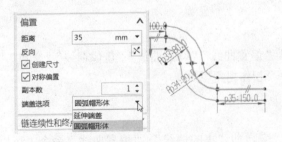

图 2-39　设置偏置选项与参数

图 2-40　设置链连续性和终点约束

⑥　在"设置"选项组中勾选"输入曲线转换为参考"复选框，并设置相应的阶次和公差，如图 2-41 所示。

⑦ 在"偏置曲线"对话框中单击"确定"按钮，结果如图 2-42 所示。

图 2-41 在"设置"选项组中设置

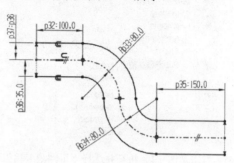

图 2-42 创建偏置曲线的结果

2.4.2 阵列曲线

使用"阵列曲线"按钮 ，可以阵列位于草图平面上的曲线链。当在当前活动草图中默认启用"创建自动判断约束"功能时，阵列曲线的布局类型有如下三种。

● "线性" ：使用一个或两个线性方向定义布局，示例如图 2-43 所示。

● "圆形" ：使用旋转轴和可选的径向间距参数定义布局，示例如图 2-44 所示。

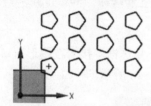

图 2-43 阵列曲线：线性阵列

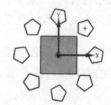

图 2-44 阵列曲线：圆形阵列

● "常规" ：使用按一个或多个目标点或者坐标系定义的位置来定义布局。

如果在"约束"组中取消选中"创建自动判断约束"按钮 （即禁用创建自动判断约束）时，那么执行"阵列曲线"工具命令时将提供额外的布局选项，如"多边形" 、"螺旋" 、"沿" 和"参考" 。

下面以创建线性阵列曲线和圆形阵列曲线为例介绍如何阵列曲线。

1. 创建线性阵列曲线的范例

① 按〈Ctrl+O〉快捷键，弹出"打开"对话框，选择本书配套的素材文件"bc_zlqx.prt"，单击"OK"按钮。接着在部件导航器中选择"草图（1）"特征，右击，接着从弹出的如图 2-45 所示的快捷菜单中选择"可回滚编辑"命令，进入草图任务环境。已有的草图曲线如图 2-46 所示。

② 在功能区的"主页"选项卡的"曲线"组中单击"阵列曲线"按钮 ，系统弹出如图 2-47 所示的"阵列曲线"对话框。

③ 在选择条的"曲线规则"下拉列表框中选择"相连曲线"选项，接着在图形窗口中选择长方形作为要阵列的曲线链。

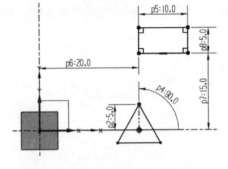

图 2-45　右击草图（1）特征并选择"可回滚编辑"命令　　　　图 2-46　已有的草图曲线

④ 在"阵列定义"选项组的"布局"下拉列表框中选择"线性"选项。

⑤ 在"方向 1"子选项组中单击"方向"按钮 ，在图形窗口中单击 X 轴定义线性对象的方向 1，接着从"间距"下拉列表框中选择"数量和间隔"选项，设置"数量"为"4"、"节距"为"25"。

说明：如果要反向当前的阵列方向，那么在该方向下单击"反向"按钮 。可供选择的间距选项除了"数量和间隔"之外，还有"数量和跨距"和"节距和跨距"。选择不同的间距选项，输入的参数也是不相同的。

⑥ 在"方向 2"子选项组中选中"使用方向 2"复选框，接着在图形窗口中单击 Y 轴定义线性对象的方向 2，并设置方向 2 的参数，如图 2-48 所示。

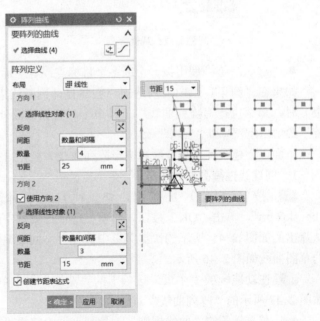

图 2-47　"阵列曲线"对话框　　　　　　图 2-48　定义线性的方向 1 和方向 2 参数

7 在"阵列曲线"对话框中单击"应用"按钮，创建的线性阵列曲线如图2-49所示。

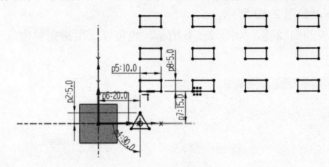

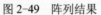

图 2-49　阵列结果

2．创建圆形阵列曲线的范例

1 在选择条的"曲线规则"下拉列表框中选择"相连曲线"选项，接着在图形窗口中选择三角形图形作为要阵列的曲线链。

2 在"阵列定义"选项组的"布局"下拉列表框中选择"圆形"选项。

3 指定旋转中心点。在"旋转点"子选项组的"指定点"下拉列表框中选择"自动判断的点"图标选项 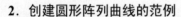，在图形窗口中单击坐标原点作为旋转中心点。

4 在"阵列定义"选项组的"角度方向"子选项组中分别设置间距选项及其参数，如图2-50所示。

5 在"阵列曲线"对话框中单击"确定"按钮，从而完成圆形阵列曲线的操作，其效果如图2-51所示。

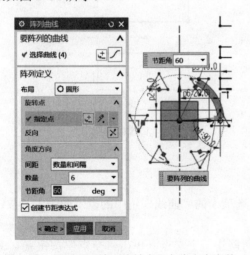

图 2-50　设置圆形阵列旋转点和角度方向参数

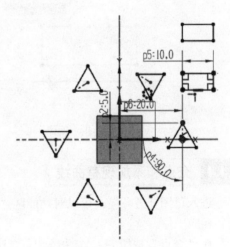

图 2-51　圆形阵列结果

6 在功能区的"主页"选项卡的"草图"组中单击"完成"按钮 📍。

2.4.3　镜像曲线

在草图任务环境中，可以创建位于草图平面上的曲线链的镜像图样。

下面以一个简单范例介绍如何在草图中创建镜像曲线。

① 在功能区的"主页"选项卡的"曲线"组中单击"镜像曲线"按钮 ，系统弹出"镜像曲线"对话框，如图 2-52 所示。

② 选择要镜像的曲线链，如图 2-53 所示。也可以采用指定对角点的框选方式选择要镜像的多条曲线。

图 2-52 "镜像曲线"对话框

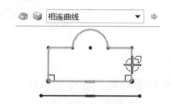

图 2-53 选择要镜像的曲线链

③ 在"镜像曲线"对话框的"中心线"选项组中单击"选择中心线"按钮 ，接着选择如图 2-54 所示的直线作为镜像中心线。

④ 在"镜像曲线"对话框的"设置"选项组中，确保勾选"中心线转换为参考"复选框。

⑤ 在"镜像曲线"对话框中单击"确定"按钮，得到的镜像结果如图 2-55 所示。

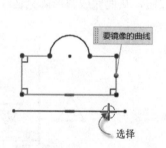

图 2-54 指定镜像中心线

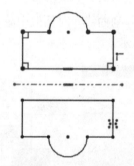

图 2-55 镜像曲线结果

2.4.4 交点和添加现有曲线

进入草图任务环境，可以对功能区"主页"选项卡的"曲线"组中的以下两个工具按钮进行相应操作。

- "交点"按钮 ：在曲线和草图平面之间创建一个交点。单击"交点"按钮 ，系统弹出如图 2-56 所示的"交点"对话框，接着选择所需曲线来获得该曲线与草图平面的交点。如果所选曲线与草图平面具有多个交点，那么可以使用对话框中的"循环解"按钮 来切换选择所需的一个交点。

- "添加现有曲线"按钮 ：将现有的某些曲线（非草图曲线）和点添加到草图中，这些现有的曲线（包括椭圆、抛物线、双曲线等）和点必须与草图共面。单击"添加现有曲线"按钮 ，系统弹出如图 2-57 所示的"添加曲线"对话框，利用该对话框选择要加入草图的曲线或点来完成操作。

图 2-56 "交点"对话框   图 2-57 "添加曲线"对话框

2.4.5 快速修剪

使用系统提供的"快速修剪"功能，可以以任意方向将曲线修剪至最近的交点或选定的边界。"快速修剪"是常用的编辑工具命令，使用它可以很方便地将草图曲线中不需要的部分删除。

在草图任务环境中，对草图曲线进行快速修剪的一般方法和步骤如下。

① 在功能区的"主页"选项卡的"曲线"组中单击"快速修剪"按钮 ，系统弹出如图 2-58 所示的"快速修剪"对话框。

② 系统提示选择要修剪的曲线（此时，"要修剪的曲线"收集器处于被激活的状态）。在该提示下选择要修剪的曲线部分，也可以按住鼠标左键并拖动鼠标来擦除曲线分段。倘若在指定要修剪的曲线之前需要定义边界曲线，那么可以在"快速修剪"对话框的"边界曲线"选项组中单击"边界曲线"按钮 ，如图 2-59 所示，接着选择所需的边界曲线。另外，在"设置"选项组中指定"修剪至延伸线"复选框的状态。

图 2-58 "快速修剪"对话框   图 2-59 拟指定边界曲线

③ 修剪好曲线后，单击"快速修剪"对话框中的"关闭"按钮。

快速修剪草图曲线的典型示例如图 2-60 所示。

图 2-60　快速修剪草图曲线的典型示例

2.4.6　快速延伸

使用系统提供的"快速延伸"功能，可以将曲线延伸到另一邻近曲线或选定的边界。

在草图任务环境下，进行"快速延伸"操作的一般方法和步骤如下。

❶　在功能区的"主页"选项卡的"曲线"组中单击"快速延伸"按钮 Ⅴ，打开如图 2-61 所示的"快速延伸"对话框。

❷　默认时，系统提示选择要延伸的曲线，在该提示下选择要延伸的曲线。如果需要指定边界曲线，则要在"快速延伸"对话框中单击"边界曲线"按钮 ∫，以激活"边界曲线"收集器，然后选择所需的曲线作为边界曲线。

❸　完成曲线快速延伸后，在"快速延伸"对话框中单击"关闭"按钮。

快速延伸的示例如图 2-62 所示。

图 2-61　"快速延伸"对话框

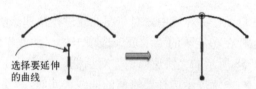

图 2-62　快速延伸的示例

2.4.7　制作拐角

使用系统提供的"制作拐角"功能，可以延伸或修剪两条曲线来制作拐角。在草图任务环境下，制作拐角的一般方法及步骤如下。

❶　在功能区的"主页"选项卡的"曲线"组中单击"制作拐角"按钮 ┿，系统弹出如图 2-63 所示的"制作拐角"对话框。

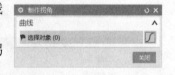

图 2-63　"制作拐角"对话框

❷　选择区域上要保留的曲线以制作拐角。完成制作拐角后，在"制作拐角"对话框中单击"关闭"按钮。

制作拐角的示例如图 2-64 所示。

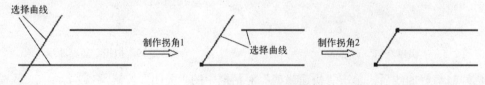

图 2-64　制作拐角的示例

2.5　草图几何约束

草图约束包括几何约束和尺寸约束。本节先介绍草图几何约束，这些几何约束指定并维持草图几何图形或草图几何图形之间的条件，如平行、竖直、重合、固定、同心、共线、水平、垂直、相切、等长度、等半径和点在曲线上等。

与几何约束相关的工具按钮如表 2-1 所示，这些工具按钮位于功能区的"主页"选项卡的"约束"组中。

表 2-1　与几何约束相关的工具按钮

序号	按钮	名　　称	功　　能
1		几何约束	将几何约束添加到草图几何图形中
2		自动约束	设置自动施加于草图的几何约束类型
3		显示草图约束	设置是否显示活动草图的几何约束
4		关系浏览器	查询草图对象并报告其关联约束、尺寸及外部引用
5		转换至/自参考对象	将草图曲线或草图尺寸从活动转化为参考，或者反过来；下游命令（如拉伸）不使用参考曲线，并且参考尺寸不控制草图几何图形
6		备选解	提供备选尺寸或几何约束解算方案
7		自动判断约束和尺寸	控制哪些约束或尺寸在曲线构造过程中被自动判断
8		创建自动判断约束	设置在曲线构造过程中是否启用自动判断约束
9		设为对称	将两个点或曲线约束为相对于草图上的对称线对称

下面介绍与几何约束相关的几个常用操作。

2.5.1　手动添加几何约束

在草图任务环境功能区的"主页"选项卡的"约束"组中，单击"几何约束"按钮，弹出如图 2-65 所示的"几何约束"对话框。在"设置"选项组中选中"自动选择递进"复选框，以及设置要启用的约束，所启用的约束以图标形式显示在"约束"选项组的约束列表框中。在"约束"选项组的约束列表框中单击要添加的几何约束的类型图标，接着在草图中选择要约束的对象（对于某些类型的几何约束，仅要求选择要约束的对象即可），或者依次选择要约束的对象和要约束到的对象。完成添加几何约束后，单击"关闭"按钮。

例如，要使两个圆等半径约束，那么在单击"几何约束"按钮来打开"几何约束"对话框后，在"设置"选项组中选中"自动选择递进"复选框，以及确保启用"等半径"约束，接着在"约束"选项组中单击"等半径"图标，在草图中选择其中一个圆作为要约束的对象，再选择另一个圆作为要约束到的对象，从而完成添加一个"等半径"约束。等半径约束的前后效果如图 2-66 所示。

2.5.2　自动约束

自动约束即自动施加几何约束，是指用户先设置一些要应用的几何约束后，系统根据所选草图对象自动施加其中合适的几何约束。在功能区的"主页"选项卡的"约束"组中单击"自动约束"按钮，打开如图 2-67 所示的"自动约束"对话框，在"要施加的约束"选项组中选择可能要应用的几何约束类型，如选中"水平""竖直""相切""平行""垂直""共线""同心""等半径"复选框等，并在"设置"选项组中设置距离公差和角度公差等，接着在图形窗口中选择要约束的曲线，单击"应用"按钮或"确定"按钮，则 NX 系统将分析活动草图中选定的曲线，自动将要应用的几何约束类型中的一个或多个施加于选定的曲线。

图 2-65 "几何约束"对话框

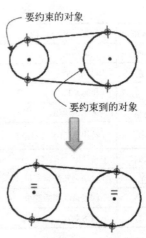

图 2-66 等半径约束示例

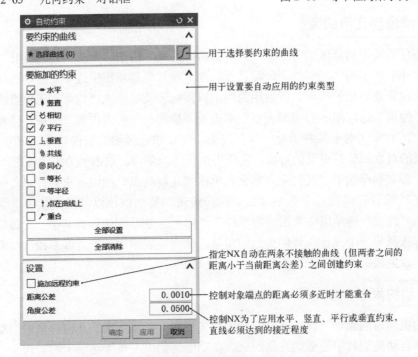

图 2-67 "自动约束"对话框

2.5.3 自动判断约束/尺寸及其创建

可以设置自动判断约束和尺寸以控制哪些约束或尺寸在曲线构建过程中被自动判断，即设置自动判断约束和尺寸的一些默认选项，这些默认选项将在创建自动判断约束和尺寸时起作用。在功能区的"主页"选项卡的"约束"组中单击"自动判断约束和尺寸"按钮 ，打开如图 2-68 所示的"自动判断约束和尺寸"对话框，在该对话框中设置要自动判断和应用的约束，设置由捕捉点识别的约束，以及定制绘制草图时自动判断尺寸规则等，然后单击"确定"按钮。

设置自动判断约束类型和尺寸规则后，可在"约束"组中设置"创建自动判断约束"按钮 处于被选中的状态，如图 2-69 所示，表示在曲线构造过程中启用自动判断约束功能。另外，可选中"连续自动标注尺寸"按钮 以在曲线构造过程中启用自动标注尺寸。

图 2-68 "自动判断约束和尺寸"对话框

图 2-69 默认启用自动判断约束

2.5.4 备选解

可以备选尺寸或几何约束解算方案。在草图设计过程中，有时候当指定一个约束类型后，可能存在着满足当前约束的条件的多种解。例如，绘制一个圆和一条竖直直线相切，圆与该直线相切就存在着两种情况，即圆既可以在直线的左边与直线相切，也可以在直线右边与直线相切。创建约束时，系统会自动选择其中一种解，把约束显示在图形窗口中。如果默认的约束解不是所需要的解，那么可以使用"备选解"命令功能，将约束解切换成所需的其他备选解。

若要使用"备选解"命令功能，可在"约束"组中单击"备选解"按钮 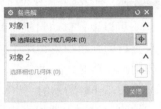，系统弹出
如图 2-70 所示的"备选解"对话框，接着在提示下指定对象 1
（可选择线性尺寸或几何体对象作为对象 1，需要时可指定对
象 2）来切换备选解，然后单击"关闭"按钮。

图 2-70 "备选解"对话框

下面介绍应用备选解的一个范例：首先绘制没有相切约束
的一条直线和圆，如图 2-71a 所示；接着单击"几何约束"按
钮 ，将直线设置与圆相切，如图 2-71b 所示；在"约束"组
中单击"备选解"按钮 ，打开"备选解"对话框，选择其中
一个对象（如直线）即可切换备选的约束解，如图 2-71c 所示。

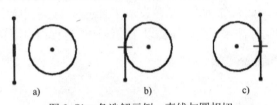

图 2-71　备选解示例：直线与圆相切

a) 要进行相切约束的直线和圆　b) 默认的相切约束解　c) 切换的备选相切约束解

2.6　草图尺寸约束

尺寸约束用于确定草图曲线的形状、大小和放置位置。创建尺寸约束的工具主要有"快
速尺寸"按钮 、"线性尺寸"按钮 、"径向尺寸"按钮 、"角度尺寸"按钮 、"周长
尺寸"按钮 和"自动标注尺寸"按钮 等。

2.6.1　快速尺寸

"快速尺寸"按钮 主要用于通过基于选定的对象和光标的位置自动判断尺寸类型来创
建尺寸约束，还可以通过其他测量方法来创建设定类型的尺寸约束。使用"快速尺寸"功
能，基本上可以完成绝大多数的尺寸标注。

单击"快速尺寸"按钮 ，弹出如图 2-72 所示的"快速尺寸"对话框，接着在"测
量"选项组的"方法"下拉列表框中选择一种测量方法，通常选择"自动判断"测量方法以
适应各种对象的尺寸标注，在"原点"选项组、"驱动"选项组和"设置"选项组中进行相
关设置，然后选择要标注的一个对象或两个对象，并自动放置或手动放置尺寸原点，即可完
成一个尺寸标注。如果在"驱动"选项组中选中"参考"复选框，那么创建的快速尺寸为参
考尺寸，参考尺寸不会对草图对象产生驱动能力，在大多数情况下，创建的快速尺寸都要求
是驱动尺寸而非参考尺寸。

2.6.2　线性尺寸

"线性尺寸"按钮 用于在两个对象或点位置之间创建线性距离尺寸约束。

单击"线性尺寸"按钮 ，弹出如图 2-73 所示的"线性尺寸"对话框，具体操作方法
和"快速尺寸"对话框的操作方法相同，不再赘述。需要注意的是，线性尺寸的测量方法有

"自动判断""水平""竖直""点到点""垂直"和"圆柱式"。

图 2-72　"快速尺寸"对话框　　　　　　　　图 2-73　"线性尺寸"对话框

2.6.3　径向尺寸

"径向尺寸"按钮 用于创建圆形对象的半径或直径尺寸约束。

单击"径向尺寸"按钮 ，弹出如图 2-74 所示的"半径尺寸"（径向尺寸）对话框，具体操作方法和"快速尺寸"对话框的操作方法相同，指定测量方法、尺寸原点放置方式，选择要标注尺寸的圆形对象，自动放置尺寸原点或手动放置尺寸原点等即可。需要注意的是，径向尺寸的测量方法有"自动判断""径向"和"直径"。

图 2-74　"半径尺寸"（径向尺寸）对话框

2.6.4　角度尺寸

"角度尺寸"按钮 用于在两条不平行的直线之间创建角度尺寸约束。

单击"角度尺寸"按钮 ，弹出如图 2-75 所示的"角度尺寸"对话框，接着选择第一个对象和第二个对象，并自动放置或手动放置角度尺寸。

图 2-75 "角度尺寸"对话框

2.6.5 周长尺寸

"周长尺寸"按钮 用于创建周长约束以控制选定直线和圆弧的集体长度。

单击"周长尺寸"按钮 ，弹出如图 2-76 所示的"周长尺寸"对话框，接着选择所需的直线和圆弧以创建它们的周长尺寸，默认的周长尺寸距离值将在"周长尺寸"对话框的"距离"文本框中显示，用户可以在"距离"文本框中修改该距离值以按新周长值约束直线和圆弧，然后单击"应用"按钮或"确定"按钮。

图 2-76 "周长尺寸"对话框

2.6.6 自动标注尺寸

单击"自动标注尺寸"按钮 ，弹出如图 2-77 所示的"自动标注尺寸"对话框，从中设置自动标注尺寸规则（这些规则是按自顶向下应用的），指定尺寸类型为"自动"或"驱动"，接着选择要标注尺寸的曲线，然后单击"应用"按钮或"确定"按钮，从而根据设置的规则在曲线上自动创建尺寸。

图 2-77 "自动标注尺寸"对话框

2.7 定向视图到草图

进入草图任务环境,在某些场合可以调整视图方位,以便选择草图外的参考对象来进行草图辅助设计。在这种情况下,如果要将视图重定向至草图平面,可在功能区的"主页"选项卡的"草图"组中单击"定向到草图"按钮 。

2.8 直接草图

除了草图任务环境模式之外,还有一种典型的草图创建和编辑模式,这便是直接草图模式。直接草图的显著优点是直接绘制草图所需的鼠标单击次数更少,使得创建和编辑草图变得更快并且更容易。

在"建模"应用模块的功能区"主页"选项卡中提供了一个"直接草图"组,如图 2-78 所示,使用该"直接草图"组中的工具命令可以直接在当前应用模块中创建草图,而无须进入草图任务环境。如果单击"草图"按钮 ,利用弹出的"创建草图"对话框指定草图平面以创建草图,那么进入直接草图模式后,功能区的"主页"选项卡提供的"直接草图"组如图 2-79 所示。

图 2-78 "直接草图"组(1)　　　　　　图 2-79 "直接草图"组(2)

"直接草图"组中各工具命令的操作和在草图任务环境中相应命令工具的操作是一样或类似的,不再赘述。

在"建模"应用模块中,使用"直接草图"组中的工具命令创建点或曲线时,NX 系统会创建一个草图并使其处于活动状态。新草图将列于部件导航器的模型历史记录中。直接草图指定的第一个点定义草图平面、方位和原点,可以在这些位置定义第一个点:屏幕位置、点、曲线、面、平面、边、指定平面、指定基准 CSYS 等。

通常在执行以下操作时可以使用"直接草图"模式。

● 在"建模""外观造型设计"或"钣金"应用模块中创建或编辑草图。
● 查看草图更改对模型产生的实时效果。

执行以下操作时可以使用草图任务环境。

● 编辑内部草图。
● 尝试对草图进行更改,但保留该选项以放弃所有更改。
● 在其他应用模块中创建草图。

在实际设计工作中,是使用"直接草图"模式还是使用草图任务环境来创建草图,这需要用户结合设计情况和自己的操作习惯灵活操作,草图效率和结果质量才是最为关键的。

2.9 草图综合实战演练

下面将介绍一个草图绘制综合范例，目的是使读者通过范例学习，深刻理解草图曲线、草图约束（几何约束和尺寸约束）和草图操作的各常用按钮或命令的含义，并掌握其应用方法及技巧，熟悉草图绘制思路与绘制方法。此范例要绘制的草图如图 2-80 所示。

本草图综合实战演练范例具体的绘制过程如下。

1. 新建模型文件

① 按〈Ctrl+N〉快捷键，系统弹出"新建"对话框。

② 在"模型"选项卡的"模板"列表中选择名称为"模型"的模板（其基本单位为毫米），在"新文件名"选项组的"名称"文本框中输入"bc_nx_2_fl.prt"，并自行指定要保存到的文件夹。

③ 单击"新建"对话框中的"确定"按钮。

2. 进入草图任务环境并设置自动判断约束和尺寸的模式

① 在功能区的"曲线"选项卡中单击"在任务环境中绘制草图"按钮 ⤵，弹出"创建草图"对话框。在"草图类型"选项组的下拉列表框中选择"在平面上"，在"草图 CSYS"选项组的"平面方法"下拉列表框中选择"自动判断"，从"参考"下拉列表框中选择"水平"选项，从"原点方法"下拉列表框中选择"指定点"选项，单击"确定"按钮，NX 默认以 XC-YC 坐标面作为草图平面

② 在草图任务环境的功能区"主页"选项卡的"约束"组中单击"自动判断约束和尺寸"按钮 ⤵，弹出"自动判断约束和尺寸"对话框，从中进行如图 2-81 所示的设置。

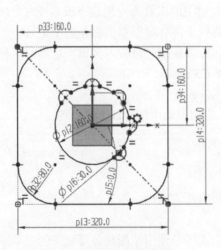

图 2-80 范例要完成的草图   图 2-81 设置自动判断约束和尺寸

③ 在"自动判断约束和尺寸"对话框中单击"确定"按钮。

④ 在"约束"组中确保选中"创建自动判断约束"按钮 ⚡ 和"显示草图约束"按钮 ⚐ ，而取消选中"连续自动标注尺寸"按钮 🔲 。

3．绘制一个圆

① 在功能区"主页"选项卡的"曲线"组中单击"圆"按钮 ◯ ，弹出"圆"对话框。

② 在"圆方法"选项组中单击"圆心和直径定圆"按钮 ⊙ ，在"输入模式"选项组中默认选中"坐标模式"按钮 XY ，选择基准坐标系原点（XC=0，YC=0）作为圆心。

③ 在"输入模式"选项组中单击"参数模式" 🔲 ，输入直径为"160"，完成绘制如图 2-82 所示的一个圆。

④ 单击鼠标中键结束圆命令。

4．绘制一个矩形

① 在"曲线"组中单击"矩形"按钮 ▭ ，弹出"矩形"对话框。

② 在"矩形"对话框中单击"从中心"按钮 ⌖ ，如图 2-83 所示。

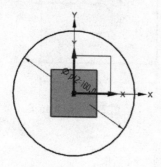

图 2-82　绘制直径为 160 的一个圆

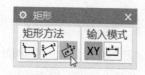

图 2-83　"矩形"对话框

③ 选择圆心或草图原点（XC=0，YC=0）作为矩形的中心。

④ 默认切换到"参数模式" 🔲 ，在"宽度"文本框中输入"320"，按〈Enter〉键确认，接着在"高度"文本框中输入"320"并按〈Enter〉键确定，再输入角度值为"0"，如图 2-84 所示，按〈Enter〉键确认。

⑤ 在"矩形"对话框中单击"关闭"按钮 ✕ ，绘制的矩形如图 2-85 所示。

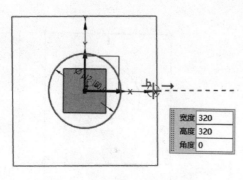

图 2-84　以参数模式指定矩形参数

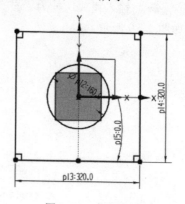

图 2-85　完成绘制矩形

5．绘制一条倾斜的直线

① 在"曲线"组中单击"直线"按钮 ✐，弹出"直线"对话框。

② 选择相应的两个点来绘制一条倾斜的直线，如图2-86所示。

6．将倾斜的直线转换为参考曲线

① 在"约束"组中单击"转换至/自参考对象"按钮 ⊫，系统弹出"转换至/自参考对象"对话框。

② 系统提示选择要转换的曲线或尺寸。在图形窗口中选择倾斜的直线，并确保"转换为"选项组中的"参考曲线或尺寸"单选按钮处于被选中的状态。

③ 在"转换至/自参考对象"对话框中单击"确定"按钮。转换结果如图2-87所示。

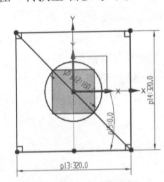

图2-86　绘制一条倾斜的直线

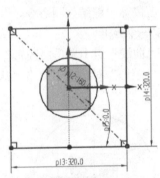

图2-87　转换结果

7．在指定交点处绘制一个小圆

① 在"曲线"组中单击"圆"按钮 ○，打开"圆"对话框。

② 在"圆方法"选项组中单击"圆心和直径定圆"按钮 ⊙，在"输入模式"选项组中单击"坐标模式"按钮 **XY**，选择倾斜参考线和已有圆的右下交点作为圆心。

说明：为了便于选择所需的交点，用户可以在选择条上增加选中"交点"按钮 ⋏，如图2-88所示。

③ 将输入模式切换为"参数模式" 凸，输入该圆的直径为"30"。完成该圆绘制，效果如图2-89所示。

图2-88　在选择条上设置所需的点捕捉模式

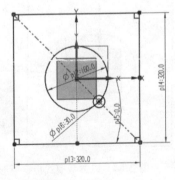

图2-89　绘制一个小圆

④ 关闭"圆"对话框。

8. 阵列曲线

① 在"曲线"组中单击"阵列曲线"按钮，弹出"阵列曲线"对话框。

② 选择上面步骤所创建的一个小圆作为要阵列的曲线。

③ 在"阵列定义"选项组的"布局"下拉列表框中选择"圆形"选项，在"旋转点"子选项组的"指定点"下拉列表框中选择"圆弧中心/椭圆中心/球心"图标选项⊙，接着选择大圆以获取其圆心作为旋转点，在"角度方向"子选项组的"间距"下拉列表框中选择"数量和间隔"选项，在"数量"文本框中输入"5"，在"节距角"文本框中输入"45"，如图 2-90 所示。

④ 确保选中"创建节距表达式"复选框，单击"确定"按钮，阵列结果的曲线效果如图 2-91 所示。

图 2-90 阵列定义

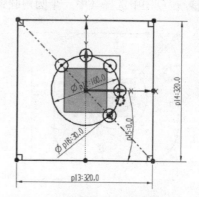

图 2-91 圆形阵列结果

9. 绘制圆角并为这些圆角圆弧添加等半径约束

① 在"曲线"组中单击"圆角"按钮，接着在打开的"圆角"对话框中单击"修剪"按钮。

② 分别选择所需的直线段来创建圆角，一共创建 4 个圆角，绘制这些圆角后的图形效果如图 2-92 所示。

③ 在"约束"组中单击"几何约束"按钮，弹出"几何约束"对话框，在"设置"选项组中选中"自动选择递进"复选框并确保启用"等半径"约束，在"约束"选项组的约束列表中单击"等半径"约束类型，分别选择相应的圆角圆弧来对它们施加等半径约束，直到使 4 个圆弧均等半径约束为止，最后单击"关闭"按钮。此时，草图如图 2-93 所示。

10. 修剪图形

① 在"曲线"组中单击"快速修剪"按钮，弹出"快速修剪"对话框。

② 选择要修剪的曲线，将草图曲线修剪成如图 2-94 所示的效果。

③ 在"快速修剪"对话框中单击"关闭"按钮。

11. 标注一个半径尺寸和其他尺寸

① 在"约束"组中单击"快速尺寸"按钮，弹出"快速尺寸"对话框。

② 在"测量"选项组的"方法"下拉列表框中选择"自动判断"选项，在"原点"选项组中选中"自动放置"复选框，在"驱动"选项组中取消选中"参考"复选框。

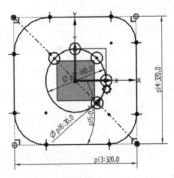

图 2-92　绘制 4 个圆角

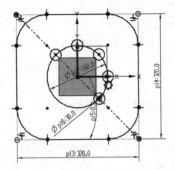

图 2-93　施加等半径约束后的草图

③ 在草图中选择其中一个圆角圆弧，接着将其半径设置为"80"，如图 2-95 所示。

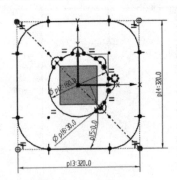

图 2-94　修剪图形

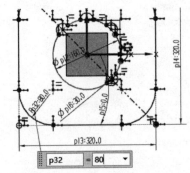

图 2-95　标注一个半径尺寸并修改其值

④ 在"原点"选项组中取消选中"自动放置"复选框，分别选择对象来创建如图 2-96 所示的两个线性距离尺寸。

⑤ 单击"关闭"按钮以关闭"快速尺寸"对话框。

12. 完成草图并保存

① 检查图形后，在"草图"组中单击"完成"按钮 ，此时，可以看到完成的草图如图 2-97 所示。

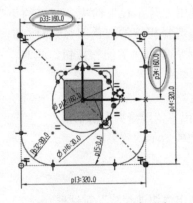

图 2-96　创建两个线性距离尺寸

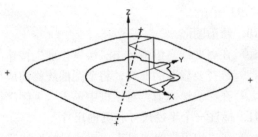

图 2-97　完成的草图

② 在"快速访问"工具栏中单击"保存"按钮 ，保存文件。

2.10 思考练习

1）如何为草图重新指定附着平面？

2）使用"轮廓线"命令可以绘制哪些形式的草图曲线？

3）绘制矩形的方式有哪几种？分别举例说明。

4）如何在草图任务环境中阵列曲线？阵列曲线包括哪几种主要类型？

5）如何偏置曲线和镜像曲线？

6）如何为草图对象添加几何约束？

7）试分析"在草图任务环境中绘制草图"与"直接草图"的异同，并总结它们适用于哪些情况。

8）上机操作：绘制如图 2-98 所示的平面草图。

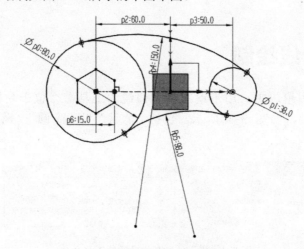

图 2-98　绘制的平面草图

第3章 空间曲线与基准特征

本章导读

　　空间曲线是曲面设计和实体设计的一个重要基础，而特征的创建有时需要应用到相关的基准特征，如基准平面、基准轴等。本章将重点介绍空间曲线和基准特征的实用知识。

3.1 基本曲线绘制

　　在"建模"应用模块中，用于绘制基本曲线的工具命令位于功能区的"曲线"选项卡的"曲线"组中，如图 3-1 所示，包括"直线""圆弧/圆""螺旋线"和"艺术样条"等。

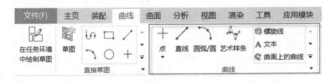

图 3-1　用于绘制基本曲线的工具命令

3.1.1 绘制直线

　　除了可以在平面草图中创建直线之外，还可以直接在 UG NX 设计环境空间中创建一条直线。下面简要地介绍在 UG NX 设计环境空间中创建一条空间直线的方法步骤。

　　❶ 在 UG NX 设计环境空间中，在功能区的"曲线"选项卡的"曲线"组中单击"直线"按钮∕，系统弹出如图 3-2 所示的"直线"对话框。

　　❷ 初始默认的起点选项为"自动判断"，此时系统提示指定起点、定义第一约束，或选择成一角度的直线。在"起点"选项组中选择起点选项（如选择"自动判断""点"或"相切"），接着选择相应的参照来定义起点。

　　❓**说明**：也可以在"起点"选项组中单击"点构造器"按钮，弹出如图 3-3 所示的"点"对话框，通过"点"对话框来指定直线的起点。

图 3-2 "直线"对话框

图 3-3 "点"对话框

③ 在"终点或方向"选项组中指定终点选项，并选择相应参照对象来定义终点。注意，用户同样可以使用点构造器来指定直线的终点。

④ 如图 3-4 所示，在"支持平面"选项组中设定平面选项，如选择"自动平面""锁定平面"或"选择平面"；在"限制"选项组中设置起始限制和终止限制条件等；在"设置"选项组中设置"关联"复选框的状态，并根据设计情况决定是否单击"延伸至视图边界"按钮 。

⑤ 在"直线"对话框中单击"应用"按钮或"确定"按钮，从而完成在空间中创建一条直线。

在 UG NX 设计环境空间中绘制一条直线的典型示例如图 3-5 所示。

图 3-4 设置其他选项

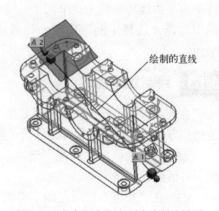

图 3-5 在空间中指定两点来绘制直线

3.1.2 绘制圆弧/圆

若要在 UG NX 设计环境空间中创建圆弧特征/圆特征，可在功能区的"曲线"选项卡的"曲线"组中单击"圆弧/圆"按钮 ，弹出"圆弧/圆"对话框。在"类型"选项组中可以选择"三点画圆弧"选项或"从中心开始的圆弧/圆"选项。当选择"三点画圆弧"选项时，需要分别指定起点、端点、中点（或半径）、限制条件等，如图 3-6 所示；当选择"从中心开始的圆弧/圆"选项时，需要先指定中心点，接着指定通过点、半径并设定限制条件等，如图 3-7 所示。"限制"选项组的"整圆"复选框决定创建的是圆特征还是圆弧特征。

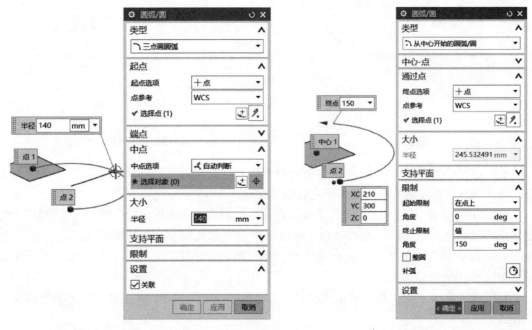

图 3-6 "圆弧/圆"对话框（1）　　　图 3-7 "圆弧/圆"对话框（2）

在创建圆特征或圆弧特征时，要注意支持平面的定义，允许用户自行指定曲线特征的支持平面（曲线特征位于该平面上）。例如，从"支持平面"选项组的"平面选项"下拉列表框中选择"选择平面"选项，接着通过平面工具指定一个所需平面作为曲线特征的支持平面。

3.1.3　绘制螺旋线

在实际设计工作中，有时需要使用螺旋线。螺旋线具有圈数、螺距、半径或直径、旋转方向和方位等参数。绘制螺旋线的一般方法和步骤如下。

❶ 在功能区的"曲线"选项卡的"曲线"组中单击"螺旋线"按钮 ，打开"螺旋线"对话框。

❷ 在"类型"选项组的"类型"下拉列表框中选择"沿矢量"或"沿脊线"。如果选择"沿矢量"，则需要分别指定方位、大小、螺距、长度和旋转方向等参数，如图 3-8 所示；如果选择"沿脊线"，则需要分别指定脊线、方位、大小、螺距、长度和旋转方向等，如图 3-9 所示。螺旋线的螺距可以按指定规律类型及其参数来定义。

❸ 单击"螺旋线"对话框中的"应用"按钮或"确定"按钮，从而按照设定参数来创建螺旋线。

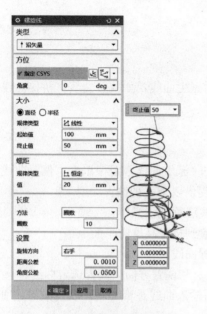

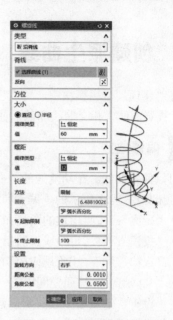

图 3-8 "沿矢量"螺旋线设置　　　　　　　　图 3-9 "沿脊线"螺旋线设置

3.1.4　绘制艺术样条

在 UG NX 设计环境（如"建模"应用模块）中，使用"艺术样条"功能可以通过拖放定义点或极点并在定义点指派斜率或曲率约束来动态创建和编辑空间艺术样条。进入"建模"应用模块，在功能区的"曲线"选项卡的"曲线"组中单击"艺术样条"按钮 ，弹出"艺术样条"对话框，如图 3-10 所示，接着选择"通过点"或"根据极点"类型，指定若干个空间点，并进行相应设置来创建艺术样条。具体操作方法和在草图中创建艺术样条的操作方法类似，不再赘述，但需要注意在创建空间艺术样条时制图平面的巧妙应用。

图 3-10 "艺术样条"对话框

3.2 创建派生曲线

在"建模"应用模块中，可以创建多种类型的派生曲线，如偏置曲线、桥接曲线、连结曲线、投影曲线、相交曲线和截面曲线等。

3.2.1 偏置曲线

可以偏置曲线。在功能区的"曲线"选项卡的"派生曲线"组中单击"偏置曲线"按钮，弹出如图 3-11 所示的"偏置曲线"对话框，提供以下 4 种偏置类型。

- "距离"：按照指定的距离和方向对选定曲线进行偏置操作。
- "拔模"：将选定曲线按照指定的拔模角偏置到指定高度的平面上。
- "规律控制"：按照规律控制偏置距离来偏置曲线。
- "3D 轴向"：按照空间中的一个三维偏置距离和偏置方向来偏置选定曲线。

在"设置"选项组中设置所创建的偏置曲线与输入曲线是否关联，以及如何处理输入曲线（保留或隐藏，删除或替换）等。

创建偏置曲线的典型示例如图 3-12 所示。在该示例中，单击"偏置曲线"按钮，将偏置类型设置为"距离"，选定要偏置的曲线链后，在"偏置"选项组中，将偏置距离设置为 15mm，副本数设置为 2，接受默认的偏置方向，接着在"设置"选项组中选中"关联"复选框，从"输入曲线"下拉列表框中选择"保留"选项，从"修剪"下拉列表框中选择"相切延伸"选项，然后单击"确定"按钮。

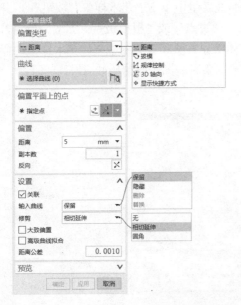

图 3-11 "偏置曲线"对话框

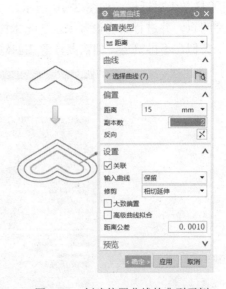

图 3-12 创建偏置曲线的典型示例

3.2.2 桥接曲线

创建桥接曲线是指创建两条曲线之间的相切圆角曲线（该曲线称为桥接曲线），以将两条曲线桥接起来，如图 3-13 所示（配套的练习范例为"bc_3_qjqx.prt"）。

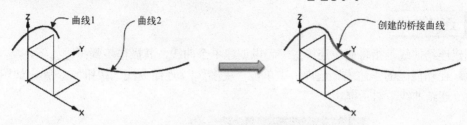

图 3-13 创建桥接曲线

在这里结合上述典型示例简单地介绍创建桥接曲线的一般方法和步骤。

① 在功能区的"曲线"选项卡的"派生曲线"组中单击"桥接曲线"按钮，弹出如图 3-14 所示的"桥接曲线"对话框。

② 在"起始对象"选项组中单击选中"截面"单选按钮，单击"曲线"按钮，选择曲线 1 作为起始对象。

③ 在"终止对象"选项组中单击选中"截面"单选按钮，单击"曲线"按钮，选择曲线 2 作为终止对象。注意曲线 1 和曲线 2 的起点方向。此时，NX 系统会根据所选对象智能地给出由默认参数定义的桥接曲线。

④ 依照设计要求，使用"桥接曲线"对话框中的"连接性"选项组、"约束面"选项组、"半径约束"选项组、"形状控制"选项组和"设置"选项组等来定义桥接曲线，如图 3-15 所示。

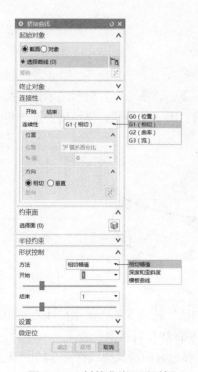

图 3-14 "桥接曲线"对话框

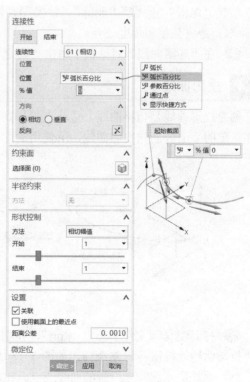

图 3-15 设置桥接连接性等

⑤ 在"桥接曲线"对话框中单击"确定"按钮，从而创建所需的桥接曲线。

3.2.3 连结曲线

创建连结曲线是指将曲线连接在一起以创建单个曲线，其操作步骤简述如下。

① 在功能区的"曲线"选项卡中单击"更多"|"连结曲线"按钮，弹出如图 3-16 所示的"连结曲线"对话框。

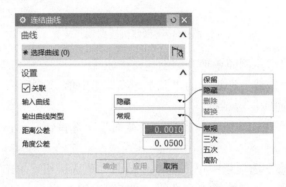

图 3-16 "连结曲线"对话框

② 在上边框条的选择条的"曲线规则"下拉列表框中指定曲线规则，如选择"相切曲线"、"相连曲线"等，接着在图形窗口中选择要连结在一起的所有曲线。

③ 在"设置"选项组中分别设置关联性、输入曲线处理选项（可供选择的输入曲线处理选项有"保留""隐藏""删除""替换"）、输出曲线类型（如"常规""三次""五次"或"高阶"）、距离公差和角度公差。

④ 在"连结曲线"对话框中单击"确定"按钮。

3.2.4 投影曲线

创建投影曲线是指将曲线、边或点投影到面或平面。下面以图 3-17 所示的示例介绍如何在指定的平面内创建投影曲线，所使用的配套源文件为"bc_3_ty.prt"。该示例的操作步骤如下。

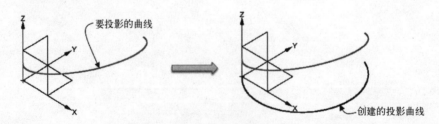

图 3-17 创建投影曲线

① 打开配套源文件"bc_3_ty.prt"，在功能区的"曲线"选项卡的"派生曲线"组中单击"投影曲线"按钮，系统弹出如图 3-18 所示的"投影曲线"对话框。

② 系统提示选择要投影的曲线或点。在本例中，选择已有的圆弧曲线特征，如图 3-19 所示。

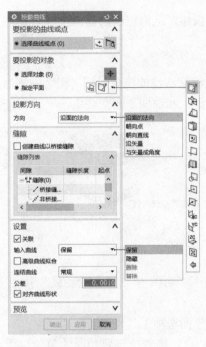

图 3-18　"投影曲线"对话框　　　　　　　图 3-19　选择要投影的曲线

❸ 在"要投影的对象"选项组的"指定平面"下拉列表框中选择"自动判断"图标选项，激活"指定平面"收集器，接着在图形窗口中选择 XY 平面作为要投影到的平面，平面距离设为 0mm。

说明：如果要将选定的曲线或点投影到指定的曲面上，那么在"要投影的对象"选项组中单击"选择对象"按钮，接着选择要投影到的曲面对象。

❹ 在"投影方向"选项组的"方向"下拉列表框中选择"沿面的法向"选项。

❺ 在"设置"选项组中确保选中"关联"复选框，从"输入曲线"下拉列表框中选择"保留"选项，并勾选"高级曲线拟合"复选框，接着从"方法"下拉列表框中选择"次数和公差"选项，在"次数"（阶次）文本框中输入阶次为"7"，在"连结曲线"下拉列表框中选择"常规"选项，公差采用默认值，如图 3-20 所示。

图 3-20　在"设置"选项组中进行相关设置

⑥ 单击"投影曲线"对话框中的"确定"按钮，从而完成创建该投影曲线。

3.2.5 相交曲线

可以创建两个对象集之间的相交曲线。创建相交曲线的典型示例（配套的练习源文件为"bc_3_xj.prt"）如图 3-21 所示，该相交曲线由曲面 1 和曲面 2 相交产生。

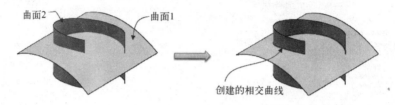

图 3-21　创建相交曲线

下面介绍创建相交曲线的操作步骤。

① 在功能区的"曲线"选项卡的"派生曲线"组中单击"相交曲线"按钮 ⬦，弹出如图 3-22 所示的"相交曲线"对话框。

② 选择要相交的第一组面，或者通过相关平面选项工具指定所需的平面。

③ 在"第二组"选项组中单击"面"按钮 ▣，接着选择要相交的第二组面。或者在"第二组"选项组中激活"指定平面"并利用相关的平面工具来指定所需的平面。

④ 打开"设置"选项组，确定"关联"复选框的状态，以及设置是否启用高级曲线拟合（注意，当启用高级曲线拟合时，还需要设置相应的一些参数，以获得高级曲线拟合效果），在"距离公差"文本框中设置公差值，如图 3-23 所示。另外，可以在"预览"选项组中设置是否启用预览。

图 3-22　"相交曲线"对话框

图 3-23　设置曲线拟合选项等

⑤ 在"相交曲线"对话框中单击"应用"按钮或"确定"按钮。

3.2.6 截面曲线

可以通过将平面与体、面或曲线相交来创建曲线或点，创建截面曲线的思路也是如此。若要创建截面曲线，则可按照如下的操作步骤进行。

① 在功能区的"曲线"选项卡的"派生曲线"组中单击"截面曲线"按钮，系统弹出如图 3-24 所示的"截面曲线"对话框。

图 3-24 "截面曲线"对话框

② 选择要剖切的对象。

③ 从"类型"下拉列表框中选择所需的类型选项，如选择"选定的平面""平行平面""径向平面"或"垂直于曲线的平面"，并根据所选类型指定所需的参照及其相应参数。

④ 在"设置"选项组中设置是否关联，以及设置曲线拟合选项、连结曲线处理选项和公差参数等。

⑤ 单击"确定"按钮，从而创建截面曲线。

3.3 编辑曲线

编辑曲线的主要工具位于功能区的"曲线"选项卡的"编辑曲线"组和"更多"库列表中，它们的功能含义如表 3-1 所示。它们用于编辑本章介绍的一些曲线特征。

表 3-1 编辑曲线的相关工具命令

序号	命 令	图标	功 能 含 义
1	修剪曲线	↘	修剪或延伸曲线到选定的边界对象
2	曲线长度	♪	在曲线的每个端点处延伸或缩短一段长度，或使其达到一个总曲线长
3	X 型	✦	编辑样条和曲面的极点和点
4	光顺曲线串	✿	从各种曲线创建连续截面
5	光顺样条	✿	通过最小化曲率大小或曲率变化来移除样条中的小缺陷
6	模板成型	♣	变换样条的当前形状以匹配模板样条的形状特性
7	分割曲线	ʃ	将曲线分成多段
8	编辑曲线参数	♫	编辑大多数曲线类型的参数
9	拉长曲线	▯	在拉长或收缩选定直线的同时移动几何对象
10	编辑圆角	⌐	编辑圆角曲线

下面介绍一个应用曲线编辑操作的范例。

① 新建一个模型部件文件，在功能区中切换到"曲线"选项卡，从"曲线"组中单击"圆弧/圆"按钮 ，弹出"圆弧/圆"对话框，从"类型"选项组的"类型"下拉列表框中选择"三点画圆弧"选项。在"起点"选项组中单击"点构造器"按钮 ，弹出"点"对话框，将起点坐标设置为"0，0，0"，单击"确定"按钮；在"端点"选项组中单击"点构造器"按钮 ，弹出"点"对话框，将端点坐标设置为"10，65，20"，单击"确定"按钮；在"中点"选项组中单击"点构造器"按钮 ，弹出"点"对话框，将中间点坐标设置为"18，36，2"，单击"确定"按钮。返回到"圆弧/圆"对话框，选择支持平面的平面选项为"自动平面"，在"设置"选项组中选中"关联"复选框，如图3-25所示，单击"确定"按钮。

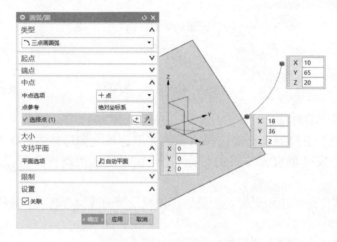

图3-25 绘制一个圆弧特征

② 在功能区的"曲线"选项卡的"编辑曲线"组中单击"曲线长度"按钮 ，打开如图3-26所示的"曲线长度"对话框。

③ 选择之前创建的圆弧曲线作为要更改长度的曲线，接着在"曲线长度"对话框中设置如图3-27所示的参数与选项。

图3-26 "曲线长度"对话框

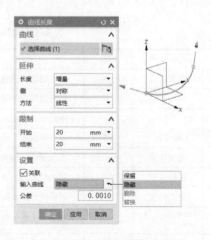

图3-27 编辑曲线长度

④ 在"曲线长度"对话框中单击"确定"按钮，编辑曲线长度后的圆弧特征效果如图 3-28 所示。

⑤ 在功能区的"曲线"选项卡中单击"更多"|"分割曲线"按钮，系统弹出"分割曲线"对话框。

⑥ 在图形窗口中单击圆弧曲线，系统弹出另外一个"分割曲线"对话框来提示创建参数将从曲线被移除，并询问是否继续，如图 3-29 所示，单击"是"按钮。

图 3-28　编辑曲线长度后的圆弧　　　　　图 3-29　系统弹出一个对话框提示是否继续

⑦ 在如图 3-30 所示的"分割曲线"对话框中，分别设置曲线类型和分段参数。

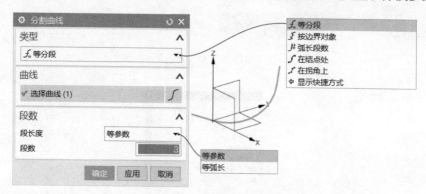

图 3-30　设置分割曲线参数与选项

⑧ 在"分割曲线"对话框中单击"确定"按钮，则所选圆弧曲线最终被等分成 3 段。

3.4　文本曲线

可以通过读取文本字符串（以指定的字体）并产生作为字符轮廓的线条和样条的方式，来创建文本作为设计元素。这就是文本曲线的创建思路。

在功能区的"曲线"选项卡的"曲线"组中单击"文本"按钮 A，NX 系统弹出如图 3-31 所示的"文本"对话框，从"类型"选项组的"类型"下拉列表框中可以看出文本曲线的创建类型主要分为 3 种，即"平面的""曲线上"和"面上"。

1."平面的"文本

在"类型"选项组的"类型"下拉列表框中选择"平面的"选项时，可以创建位于某一平面内的文本曲线。"平面的"文本需要分别定义文本属性、文本框锚点位置和尺寸，以及设置是否关联和连结曲线等。创建"平面的"文本的典型示例如图 3-32 所示，注意锚点位置的定义和文本尺寸的设置。

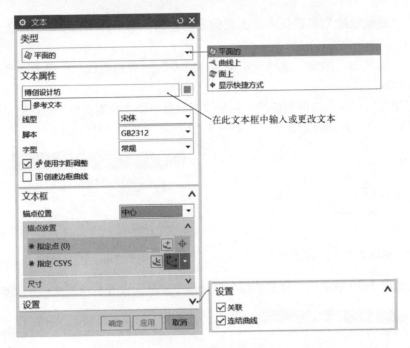

图 3-31 "文本"对话框

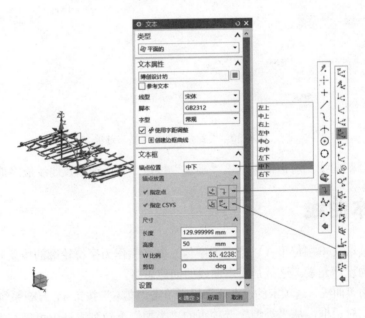

图 3-32 创建"平面的"文本的典型示例

2."曲线上"文本

在"类型"选项组的"类型"下拉列表框中选择"曲线上"时，可创建沿曲线放置的文本（曲线上的文本），如图 3-33 所示，需要选择文本放置曲线，设置竖直方向，定义文本属性，指定文本框参数（锚点位置、锚点位置参数百分比、尺寸、字符方向）等。

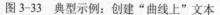

图 3-33 典型示例：创建"曲线上"文本

3."面上"文本

在"类型"选项组的"类型"下拉列表框中选择"面上"时，可创建位于指定曲面上的文本，这需要分别定义这些方面：文本放置面、面上的位置（放置方法有"面上的曲线"和"剖切平面"）、文本属性、文本框锚点位置与尺寸等参数、设置选项。创建"面上"文本的典型示例如图 3-34 所示。

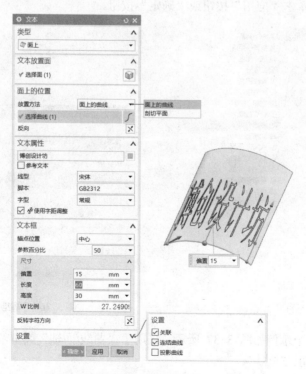

图 3-34 典型示例：创建"面上"文本

3.5 创建基准特征

基准特征主要包括基准平面、基准轴、基准 CSYS、基准平面栅格、点（也称基准点）和点集等。

3.5.1 基准平面

在实际设计中，可以根据设计要求来创建所需的基准平面。基准平面通常用于辅助构造其他特征。

若要创建基准平面，则在功能区的"主页"选项卡的"特征"组中单击"基准平面"按钮 ，打开如图 3-35 所示的"基准平面"对话框，接着从"类型"下拉列表框中选择所需的类型，并根据所选类型来选择相应的参照对象以及设置相应的参数，另外要注意设置平面方位，然后单击"基准平面"对话框中的"确定"按钮即可。

3.5.2 基准轴

基准轴的主要用途也是为了构造其他特征。

若要创建基准轴，可在功能区的"主页"选项卡的"特征"组中单击"基准轴"按钮 ，弹出如图 3-36 所示的"基准轴"对话框，接着从"类型"下拉列表框中选择所需的类型（如"自动判断""交点""曲线/面轴""曲线上矢量""XC 轴""YC 轴""ZC 轴""点和方向"或"两点"），并根据所选的类型来指定相应的参照对象及其参数，然后定义轴方位和设置是否关联，最后单击"应用"按钮或"确定"按钮。

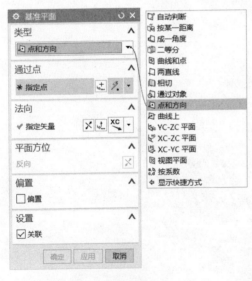

图 3-35 "基准平面"对话框

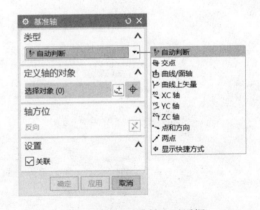

图 3-36 "基准轴"对话框

创建基准轴的一个示例如图 3-37 所示，采用了"曲线/面轴"类型，选择一个半圆形的圆柱曲面作为参照，轴方位默认。

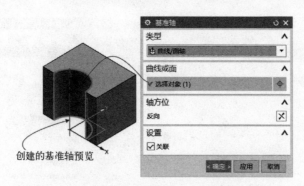

创建的基准轴预览

图 3-37 示例：创建基准轴

3.5.3 基准 CSYS

创建基准 CSYS（即基准坐标系）的方法和创建基准平面、基准轴的方法类似。

若要创建基准 CSYS，可在功能区的"主页"选项卡的"特征"组中单击"基准 CSYC"按钮，弹出如图 3-38 所示的"基准坐标系"对话框，接着从"类型"选项组的"类型"下拉列表框中选择一个类型，如"动态""自动判断""原点，X 点，Y 点""X 轴，Y 轴，原点""Z 轴，X 轴，原点""Z 轴，Y 轴，原点""平面，X 轴，点""平面，Y 轴，点""三平面""绝对 CSYS""当前视图的 CSYS"或"偏置 CSYS"，紧接着选择相应的参照及设置相应的参数等，然后单击"基准坐标系"对话框中的"确定"按钮。

图 3-38 "基准坐标系"对话框

3.5.4 点与点集

在功能区的"主页"选项卡的"特征"组中单击"点"按钮＋，弹出如图 3-39 所示的"点"对话框，利用该对话框在建模空间中创建点。

可以使用现有几何体创建点集。在功能区的"主页"选项卡的"特征"组中单击"点集"按钮，系统弹出如图 3-40 所示的"点集"对话框，在"类型"选项组的"类型"下拉列表框中选择所需的类型，如选择"曲线点""样条点""面的点"或"交点"。选择不同的类型，则接下去设置的内容也将不同。

图 3-39 "点"对话框

图 3-40 "点集"对话框

3.6 空间曲线综合实战演练

下面将介绍绘制空间曲线的综合范例，该范例将很好地引导读者理解 UG NX 11.0 空间曲线的基本设计方法、整体思路及操作技巧等，为后面学习曲面设计打下坚实的基础。在本范例中，还介绍了如何创建所需的基准平面。

在此范例中，要完成绘制的曲线效果如图 3-41 所示。具体的绘制过程如下。

1. 新建模型部件文件

① 按〈Ctrl+N〉快捷键，弹出"新建"对话框。

② 在"模型"选项卡的"模板"列表中选择名为"模型"的模板（其主要单位为毫米），在"新文件名"选项组的"名称"文本框中输入"bc_3_r1"，并指定要保存到的文件夹。

③ 单击"新建"对话框中的"确定"按钮。

2. 绘制正八边形

① 在功能区的"主页"选项卡的"直接草图"组中单击"草图"按钮📐，弹出"创建草图"对话框。从"草图类型"下拉列表框中选择"在平面上"选项，设置平面方法选项为"自动判断"，接受其他的默认设置，然后在"创建草图"对话框中单击"确定"按钮，进入草图绘制状态，默认的草图平面为 XC-YC 坐标面。

② 在功能区的"主页"选项卡的"直接草图"组中单击"多边形"按钮⬡，弹出"多边形"对话框。

③ 在图形窗口中选择坐标系原点作为多边形的中心点，接着在"边"选项组的"边数"框中设置边数为 8，在"大小"选项组的"大小"下拉列表框中选择"外接圆半径"选项，在"半径"文本框中输入"980"并按〈Enter〉键确认外接圆半径为 980mm，在"旋转"文本框中输入"0"，如图 3-42 所示，然后按〈Enter〉键确认。

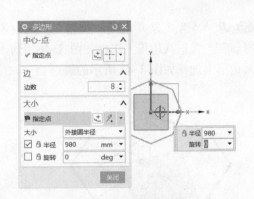

图 3-41　空间曲线综合实战范例的完成效果　　　　图 3-42　绘制多边形

④ 在"多边形"对话框中单击"关闭"按钮。

⑤ 在功能区"主页"选项卡的"直接草图"组中单击"完成草图"按钮 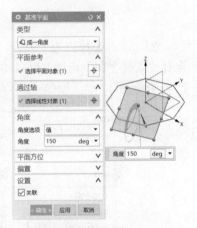。

3. 创建一个新基准平面

① 按〈End〉键以等轴测图方位显示图形。

② 在功能区的"主页"选项卡的"特征"组中单击"基准平面"按钮 □，弹出"基准平面"对话框。

③ 在"类型"下拉列表框中选择"成一角度"选项，在图形窗口中选择 XC-YC 坐标面作为平面参考，选择正八边形的一条边作为要通过的轴，在"角度"选项组的"角度选项"下拉列表框中选择"值"选项，在"角度"文本框中设置角度为"150"（其单位为 deg），如图 3-43 所示。另外，在"设置"选项组中选中"关联"复选框。

图 3-43　创建基准平面

④ 在"基准平面"对话框中单击"确定"按钮，创建的新基准平面如图 3-44 所示。

4. 创建一段圆弧曲线特征

① 在功能区中切换至"曲线"选项卡，接着在"曲线"组中单击"圆弧/圆"按钮 ，弹出如图 3-45 所示的"圆弧/圆"对话框。

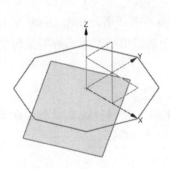

图 3-44　完成创建一个基准平面

图 3-45　"圆弧/圆"对话框

❷ 从"类型"选项组的"类型"下拉列表框中选择"三点画圆弧"，起点选项默认为"自动判断"，在正八边形上选择如图 3-46 所示的起点，端点选项也默认为"自动判断"，并在正八边形上选择如图 3-47 所示的端点。

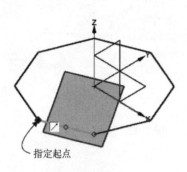

图 3-46 选择起点

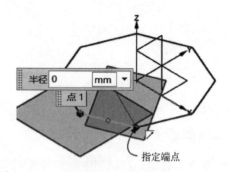

图 3-47 选择端点

❸ 输入半径值为"980"，接着在"支持平面"选项组的"平面选项"下拉列表框中选择"选择平面"选项，以自动判断的方式在图形窗口中单击先前所创建的新基准平面，如图 3-48 所示。

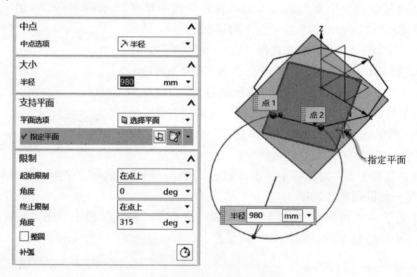

图 3-48 输入半径值及指定平面

❹ 在"限制"选项组中单击"补弧"按钮 ⊙ 以获得补弧效果，如图 3-49 所示。如果圆弧还不是所希望的，那么可展开"设置"选项组，从中通过单击"备选解"按钮 ✿ 来调整方案解。

❓ 说明：："圆弧/圆"对话框的"限制"选项组中的"整圆"复选框用于设置是否建立完整的圆，而"补弧"按钮 ⊙ 则用于切换至生成另一部分的圆弧。

❺ 在"圆弧/圆"对话框中单击"确定"按钮。

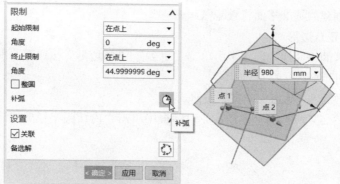

图 3-49　单击"补弧"按钮

5. 使用"移动对象"功能进行复制操作

 在上边框条中单击"菜单"按钮 菜单(M)▾，接着选择"编辑"|"移动对象"命令，弹出"移动对象"对话框。也可以按〈Ctrl+T〉快捷键打开"移动对象"对话框。

② 选择刚创建的圆弧对象作为要操作的对象。

③ 在"变换"选项组的"运动"下拉列表框中选择"角度"选项，从"指定矢量"下拉列表框中选择"ZC 轴"图标选项 ZC↑，单击"点构造器"按钮，利用弹出的"点"对话框指定轴点的坐标为"0，0，0"，单击"确定"按钮返回到"移动对象"对话框，接着在"变换"选项组的"角度"文本框中输入"45"。

④ 在"结果"选项组中单击选中"复制原先的"单选按钮，从"图层选项"下拉列表框中选择"原始的"选项，在"距离/角度分割"文本框中输入"1"，在"非关联副本数"文本框中输入"7"，如图 3-50 所示。

⑤ 单击"确定"按钮，结果如图 3-51 所示。

图 3-50　"移动对象"对话框

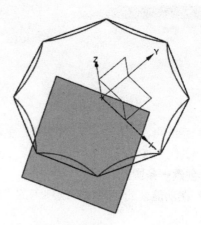

图 3-51　对象的移动复制结果

此时，之前创建的基准平面将被隐藏起来。

6. 创建一个正八边形

① 在功能区的"曲线"选项卡中单击"更多"|"多边形"按钮 ⊙，弹出如图 3-52 所示的"多边形"对话框。

② 输入边数为 8，单击"确定"按钮。

③ 在如图 3-53 所示的"多边形"对话框中单击"内切圆半径"按钮，弹出新的"多边形"对话框。

图 3-52　"多边形"对话框（1）　　　　　图 3-53　"多边形"对话框（2）

④ 设置内切圆半径为"300"、方位角为"0"，如图 3-54 所示，单击"确定"按钮。

⑤ 弹出"点"对话框，从"参考"下拉列表框中选择"绝对-工作部件"选项，设置 X 值为"0"、Y 值为"0"、Z 值为"600"，如图 3-55 所示，然后单击"确定"按钮，完成创建的该正八边形曲线如图 3-56 所示（可切换至正等轴测图显示）。

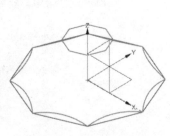

图 3-54　"多边形"对话框（3）　　　图 3-55　"点"对话框　　　图 3-56　完成正八边形曲线

⑥ 系统再次弹出"点"对话框，单击"返回"按钮，并在返回到的"多边形"对话框中单击"关闭"按钮 ✕。

7. 创建一条圆弧

① 在功能区的"曲线"选项卡的"曲线"组中单击"圆弧/圆"按钮 ，弹出"圆弧/圆"对话框。

② 在"类型"选项组的"类型"下拉列表框中选择"三点画圆弧"选项。

③ 在选择条（即"选择"工具栏）中确保选中"端点"按钮 （允许选择曲线的端

点），在图形窗口中分别指定圆弧的起点和端点，并在"中点"选项组中单击"点构造器"按钮，然后利用弹出的"点"对话框将该点绝对坐标设置为"-200，-500，300"（即 X=-200、Y=-500、Z=300），单击"点"对话框中的"确定"按钮，返回到"圆弧/圆"对话框，在"限制"选项组中取消选中"整圆"复选框，并在"设置"选项组中选中"关联"复选框，如图 3-57 所示。

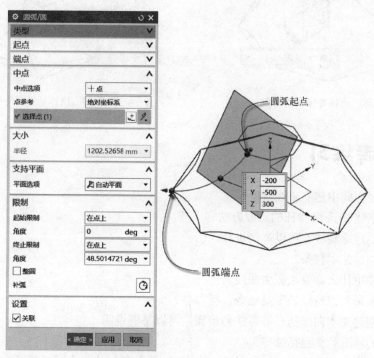

图 3-57　指定 3 点画圆弧

④ 在"圆弧/圆"对话框中单击"确定"按钮。

8. 生成其他圆弧

① 按〈Ctrl+T〉快捷键，打开"移动对象"对话框。

② 选择如图 3-58 所示的圆弧对象作为要操作的对象。

③ 在"变换"选项组的"运动"下拉列表框中选择"角度"选项，从"指定矢量"下拉列表框中选择"ZC 轴"图标选项，单击"点构造器"按钮，利用弹出的"点"对话框指定轴点的坐标为"0，0，0"，单击"确定"按钮返回到"移动对象"对话框，接着在"变换"选项组的"角度"文本框中输入"45"。

④ 在"结果"选项组中单击选中"复制原先的"单选按钮，从"图层选项"下拉列表框中选择"原始的"选项，在"距离/角度分割"文本框中输入"1"，在"非关联副本数"文本框中输入"7"。

⑤ 单击"确定"按钮，结果如图 3-59 所示。

9. 隐藏草图对象和基准坐标系，并保存部件文件

① 结合〈Shift〉键在部件导航器的模型历史记录列表中选择"基准坐标系（0）"和"草图（1）"这两个对象，右击，然后从弹出的快捷菜单中选择"隐藏"命令。

② 在"快速访问"工具栏中单击"保存"按钮 **□**。

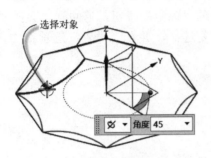

图 3-58　选择要操作的对象

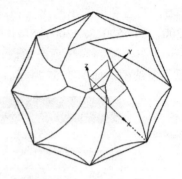

图 3-59　操作结果（生成其他圆弧）

3.7　思考练习

1）如何在空间中建立直线特征？

2）简述创建圆弧/圆特征的一般方法和步骤。

3）如何创建螺旋线？可以举例进行说明。

4）如何创建艺术样条？

5）可以使用什么命令来派生曲线？

6）用于编辑曲线特征的工具命令包括哪些？

7）简述创建文本曲线的一般方法和步骤，可以举例说明。

8）常见的基准特征包括哪些？

9）上机操作：要求在 YC-ZC 面和 XC-YC 面上各创建一个圆弧特征，如图 3-60 所示，接着在这两条圆弧曲线之间创建桥接曲线，再创建连结曲线且隐藏原来的曲线，效果如图 3-61 所示，最后将连结曲线分割成三等分，并可进行延伸曲线长度练习。

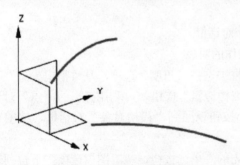

图 3-60　创建两个圆弧特征

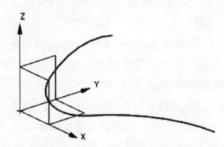

图 3-61　创建连结曲线

第4章　创建实体特征

本章导读

　　UG NX 11.0 系统提供了强大的实体建模功能。所谓的实体建模是基于特征和约束建模技术的一种复合建模技术，它具有参数化设计和编辑复杂实体模型的能力。

　　本章首先介绍实体建模入门概述，接着介绍如何创建体素特征，如何创建基本成形设计特征和扫掠特征，最后介绍一个实体建模综合范例。

4.1　实体建模入门概述

　　UG NX 11.0 为用户提供了颇为强大的实体建模和编辑功能，使用这些功能可以高效地构建复杂的产品模型。例如，利用拉伸、旋转、扫掠等工具可以将二维截面的轮廓曲线通过相应的方式来产生实体特征，这些实体特征具有参数化设计的特点，当修改草图中的二维轮廓曲线时，相应的实体特征也会自动进行更新；对于一些具有标准设计数据库的特征，如体素特征（体素特征是一个基本解析形状的实体对象，它是本质上可分析的，属于设计特征中的一类实体特征），其创建更为方便，执行命令后只需要输入相关参数即可生成实体特征，建模速度很快；可以对实体模型进行各种操作和编辑，如圆角、抽壳、螺纹、缩放、分割等，以获得更细致的模型结构。可以对实体模型进行渲染和修饰，从实体特征中提取几何特性和物理特性，进行几何计算和物理特性分析。

　　需要用户注意的是，有些细节特征需要在已有实体或曲面特征的基础上才能创建，如拔模、倒斜角、边倒圆、面倒圆、样式圆角、样式拐角和美学面倒圆等。

　　UG NX 中的同步建模技术是第一个能够借助新的决策推理引擎来同时进行几何图形与规则同步设计建模的解决方案。同步建模技术实时检查产品模型当前的几何条件，并且将它们与设计人员添加的参数和几何约束合并在一起，以便评估、构建新的几何模型并且编辑模型，无须重复全部历史记录。同步建模技术加快了以下四个关键领域的创新步伐：①快速捕捉设计意图，②快速进行设计变更，③提高多 CAD 环境下的数据重用率，④简化 CAD，使三维操作变得与二维操作一样容易。

4.2　创建设计特征中的体素特征

　　本书将长方体、圆柱体、圆锥和球体等这一类设计特征统称为体素特征，这类特征是一个基本解析形式的实体对象。通常在设计初期创建一个体素特征作为模型毛坯。创建体素特征时，必须先确定它的类型、尺寸、空间方向与位置等参数。

4.2.1 创建长方体

长方体特征是基本体素中较为常见的一个，如图 4-1 所示。要创建长方体模型，可在功能区的"主页"选项卡的"特征"组中单击"更多"|"长方体"按钮 🔳，系统弹出如图 4-2 所示的"长方体"对话框。在"类型"下拉列表框中提供了长方体特征的创建类型，包括"原点和边长"、"两点和高度"和"两个对角点"。在"布尔"选项组中，可根据设计要求设置布尔选项，如"无""合并"（求和）、"减去"（求差）和"相交"（求交）；在"设置"选项组中，可设置是否关联原点，或是否关联原点和偏置。

图 4-1　长方体　　　　　　　　　　图 4-2　"长方体"对话框

1. 原点和边长

"原点和边长"是较为常用的创建类型。选择此创建类型时，需要指定原点位置（放置基准），并在"尺寸"选项组中分别输入长度、宽度和高度参数值。

2. 两点和高度

选择"两点和高度"创建类型时，需要指定两个点定义长方体的底面，接着在"尺寸"选项组中设置长方体的高度参数值，如图 4-3 所示。

3. 两个对角点

选择"两个对角点"创建类型时，需要分别指定两个对角点，即原点和从原点出发的点（XC，YC，ZC），如图 4-4 所示。

图 4-3　选择"两点和高度"创建类型时　　　　图 4-4　选择"两个对角点"创建类型时

4.2.2 创建圆柱体

若要创建圆柱体，可在功能区的"主页"选项卡的"特征"组中单击"更多"|"圆柱"按钮 ，打开"圆柱"对话框。在"类型"下拉列表框中可以选择两种创建类型之一，即选择"轴、直径和高度"或"圆弧和高度"。

1. 轴、直径和高度

选择"轴、直径和高度"创建类型时，将通过指定轴（包括指定轴矢量方向和确定轴原点位置）、直径尺寸和高度尺寸来创建圆柱体，如图 4-5 所示。另外，在"设置"选项组中设置是否关联轴。

2. 圆弧和高度

选择"圆弧和高度"创建类型时，将通过选择圆弧、圆（间接确定圆柱体直径）以及设置高度尺寸参数的方式来创建圆柱体，如图 4-6 所示。

图 4-5　选择"轴、直径和高度"

图 4-6　选择"圆弧和高度"

4.2.3 创建圆锥体/圆台

若要创建圆锥体/圆台，可在功能区的"主页"选项卡的"特征"组中单击"更多"|"圆锥"按钮 ，系统弹出"圆锥"对话框，如图 4-7 所示。"圆锥"对话框的"类型"下拉列表框提供了 5 种类型选项，包括"直径和高度""直径和半角""底部直径，高度和半角""顶部直径，高度和半角"和"两个共轴的圆弧"，从中选择一种类型选项，接着选择相应的参照以及设置相应的参数，然后单击"确定"按钮，即可创建一个圆锥体/圆台。

下面介绍创建圆台（相当于特殊的圆锥）的一个简单范例。

❶ 在功能区的"主页"选项卡的"特征"组中单击"更多"|"圆锥"按钮 ，系统弹出"圆锥"对话框。

❷ 在"类型"下拉列表框中选择"直径和高度"类型选项。

❸ 在"轴"选项组中选择"ZC 轴"图标选项 定义矢量，接着在"轴"选项组中单击位于"指定点"右侧的"点构造器"按钮 ，弹出"点"对话框，设置如图 4-8 所示的点

坐标，单击"确定"按钮。

图4-7 "圆锥"对话框

图4-8 指定点

④ 返回"圆锥"对话框，在"尺寸"选项组中，将底部直径设置为 100mm，将顶部直径设置为 39mm，将高度设置为 61mm，如图4-9 所示。

⑤ 在"圆锥"对话框中单击"确定"按钮，创建的圆台如图4-10 所示。

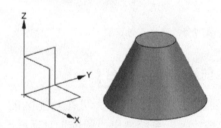

图4-9 设置圆锥尺寸参数

图4-10 创建好的圆台

4.2.4 创建球体

若要创建球体，可在功能区的"主页"选项卡的"特征"组中单击"更多"|"球"按钮，弹出"球"对话框。在"球"对话框的"类型"下拉列表框中可以选择"中心点和直径"类型或"圆弧"类型。

1. 中心点和直径

当选择"中心点和直径"类型时，将通过指定球体中心点和直径尺寸来创建球体，如图4-11 所示。

2. 圆弧

当选择"圆弧"类型时,将通过选择圆弧来创建球体,如图 4-12 所示。

图 4-11 选择"中心点和直径"类型

图 4-12 选择"圆弧"类型

4.3 基本成形设计特征

在本节中,将介绍一些基本成形设计特征,包括拉伸特征、旋转特征、孔特征、凸台、腔体、垫块、螺纹、键槽和开槽特征等。

4.3.1 拉伸

可以将截面线圈沿着指定方向拉伸一段距离来创建拉伸实体,如图 4-13 所示。读者可以打开"bc_c4_ls.prt"源文件来辅助学习创建拉伸实体的知识。

若要创建拉伸特征,则在功能区的"主页"选项卡的"特征"组中单击"拉伸"按钮 ,系统弹出一个"拉伸"对话框,如图 4-14 所示。接着定义拉伸实体特征的以下几个方面。

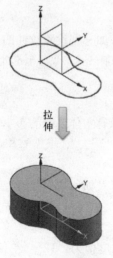

图 4-13 创建拉伸特征示例

图 4-14 "拉伸"对话框

1．定义截面

在确保"截面线"选项组中的"曲线"按钮 处于被选中的状态时，系统提示："选择要草绘的平面，或选择截面几何图形。"此时便可以在图形窗口中选择要拉伸的截面曲线。

若没有存在所需的截面，则可以在"截面线"选项组中单击"绘制截面"按钮 ，系统弹出"创建草图"对话框，接着定义草图平面和草图方向等，单击"确定"按钮，从而进入内部草图环境绘制所需的剖面曲线。

2．定义方向

可以采用自动判断的矢量或其他方式定义的矢量（见图 4-15），也可以根据实际设计情况单击"矢量对话框"按钮 （也称"矢量构造器"按钮），利用打开的如图 4-16 所示的"矢量"对话框来定义矢量。

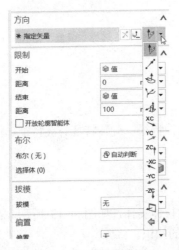

图 4-15　定义方向矢量

图 4-16　"矢量"对话框

如果在"拉伸"对话框的"方向"选项组中单击"反向"按钮 ，那么可更改拉伸矢量方向。

3．设置拉伸限制的参数值

在"限制"选项组中设置拉伸限制的方式及其参数值，如分别设置拉伸的开始值和结束值。拉伸的开始/结束方式选项包括"值""对称值""直至下一个""直至选定""直至延伸部分"和"贯通"，用户可根据实际设计情况来选定。

4．布尔运算

在"布尔"选项组中，设置拉伸操作所创建的实体与原有实体之间的布尔运算，可供选择的布尔运算选项包括"自动判断""无""合并"（求和）、"减去"（求差）和"相交"。

5．定义拔模

在"拔模"选项组中设置在拉伸时是否进行拔模处理以及如何拔模处理，可供选择的拔模选项包括"无""从起始限制""从截面""从截面-不对称角""从截面-对称角"和"从截面匹配的终止处"。拔模的角度参数可以为正，也可以为负。

例如，当选择的拔模选项为"从起始限制"，并设置角度值为"12"（单位为 deg），此时确认后注意观察预览效果，如图 4-17 所示。

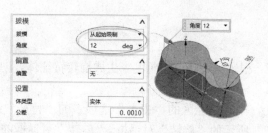

图 4-17　给拉伸实体设置拔模参数的示例

6. 定义偏置

在"偏置"选项组中定义拉伸偏置选项及相应的参数，以获得特定的拉伸效果。下面以结果图例对比的方式让读者体会 4 种偏置选项（"无""单侧""双侧"和"对称"）的差别及效果，如图 4-18 所示。

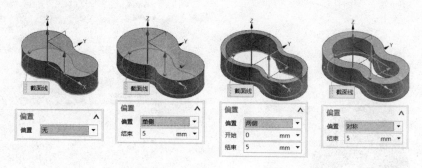

图 4-18　定义偏置的几种情况

7. 使用预览

在"预览"选项组中勾选"预览"复选框，则可以在拉伸操作过程中动态预览拉伸特征。如果单击"显示结果"按钮 🔍，则可以观察到最后完成的实体模型效果。

除了以上几个方面，用户还需要注意在"设置"选项组中设置体类型和公差。体类型可以为"实体"或"片体"。当从"体类型"下拉列表框中选择"实体"选项时，将创建拉伸实体特征；当从"体类型"下拉列表框中选择"片体"选项时，将创建拉伸曲面片体特征。图 4-19 展示了实体效果，图 4-20 则展示了曲面片体效果，注意比较两者的效果特点。

图 4-19　实体效果

图 4-20　片体效果

说明：如果剖面图形是断开的线段，而偏置选项同时又被设置为"无"，那么创建的拉伸特征体将是曲面片体。

4.3.2 旋转

可以将截面线圈绕一根轴线旋转一定角度来生成旋转特征体。创建旋转实体的典型示例如图 4-21 所示。

若要创建旋转特征，则在功能区的"主页"选项卡的"特征"组中单击"旋转"按钮。系统弹出如图 4-22 所示的"旋转"对话框。"旋转"对话框的使用和前面介绍的"拉伸"对话框的使用很相似，在此不再赘述。

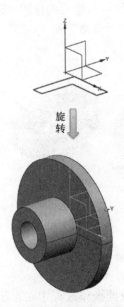

图 4-21　创建旋转实体的示例

图 4-22　"旋转"对话框

下面以一个范例来具体介绍如何创建旋转实体特征。

1．新建所需的文件

① 在"快速访问"工具栏中单击"新建"按钮，系统弹出"新建"对话框。

② 在"模型"选项卡的"模板"列表中选择名称为"模型"的模板，在"新文件名"选项组的"名称"文本框中输入"bc_4_hz"，并指定要保存到的文件夹。

③ 在"新建"对话框中单击"确定"按钮。

2．创建旋转特征

① 在功能区的"主页"选项卡的"特征"组中单击"旋转"按钮，系统弹出"旋转"对话框。

② 在"旋转"对话框的"截面线"选项组中单击"绘制截面"按钮，系统弹出如图 4-23 所示的"创建草图"对话框。

③ 从"草图类型"下拉列表框中选择"在平面上"选项，在"草图 CSYS"选项组的"平面方法"下拉列表框中选择"自动判断"选项，然后在"创建草图"对话框中单击"确定"按钮，NX 默认以 XC-YC 平面为草图平面而进入内部草图任务环境。

④ 确保选中"轮廓"按钮 ↳，绘制如图 4-24 所示的闭合图形。

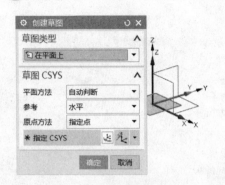

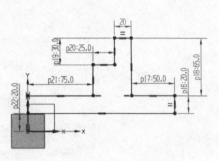

图 4-23 "创建草图"对话框 　　　　　　图 4-24 绘制闭合图形

⑤ 在"草图"组中单击"完成"按钮 🏁。

⑥ 在"轴"选项组的"指定矢量"下拉列表框中选择"XC 轴"图标选项 ，以定义旋转轴矢量。接着在"轴"选项组中单击"点构造器"按钮 ，利用弹出的"点"对话框设置点位置的绝对坐标值为"0，0，0"，单击"确定"按钮返回到"旋转"对话框。

⑦ 在"限制"选项组中设置开始角度值为"0"、结束角度值为"360"，而"布尔""偏置"和"设置"选项组中的选项接受默认值，如图 4-25 所示。

⑧ 在"旋转"对话框中单击"确定"按钮，创建的旋转实体特征如图 4-26 所示。

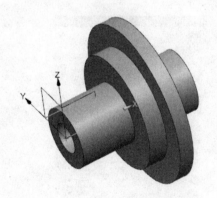

图 4-25 旋转特征的相关设置 　　　　　　图 4-26 创建旋转特征

4.3.3 创建孔特征

孔特征在设计中很常见。若要创建孔特征，则在功能区的"主页"选项卡的"特征"组中单击"孔"按钮 ，打开如图 4-27 所示的"孔"对话框，接着从"类型"选项组的"类型"下拉列表框中选择要创建的孔的类型，包括"常规孔""钻形孔""螺钉间隙孔""螺纹孔"和"孔系列"。设置好孔类型后，一般还要定义孔放置位置、孔方向、形状和尺寸（或规格）等。

图 4-27 "孔"对话框

- "常规孔"：常规孔的成形方式包括"简单""沉头""埋头"和"锥形"，如图 4-28 所示。设置好成形方式选项后，接着在"形状和尺寸"选项组中分别设置相应的参数。
- "钻形孔"：从"类型"下拉列表框中选择"钻形孔"选项时，需要分别定义位置、方向、形状和尺寸、布尔、标准和公差等，如图 4-29 所示。

图 4-28 指定常规孔的成形方式

图 4-29 创建钻形孔

- "螺钉间隙孔"：从"类型"下拉列表框中选择"螺钉间隙孔"选项时，需要定义的内容和钻形孔类似，但细节差异还是存在的，如螺钉间隙孔有自己的形状和尺寸、标准。螺钉间隙孔的成形方式可以有"简单孔""沉头"和"埋头"，如图 4-30 所示。
- "螺纹孔"：螺纹孔是设计中的一种常见连接结构，要创建螺纹孔，除了需要设置位置、方向之外，还要在"设置"选项组的"标准"下拉列表框中选择所需的一种适用标准。另外，在"形状和尺寸"选项组中设置螺纹尺寸、退刀槽（止裂口）、起始倒斜角和终止倒斜角等，如图 4-31 所示。

图 4-30 创建螺钉间隙孔

图 4-31 创建螺纹孔

● "孔系列"：从"类型"下拉列表框中选择"孔系列"选项时，除了要设置孔放置位置和方向之外，还需要利用"规格"选项组来分别设置"起始""中间"和"端点" 3 个选项卡上的内容等，如图 4-32 所示。

图 4-32 孔系列设置

下面介绍创建几类孔特征的学习范例，在该范例中要重点学习如何定义孔位置和方向，以及如何定义孔形状和尺寸等。

1．打开素材文件

① 按〈Ctrl+O〉快捷键，弹出"打开"对话框。

② 选择配套的"bc_c4_k.prt"，单击"OK"按钮。打开的文件中存在一个用于练习创建孔特征的实体模型。

2．创建一个常规的沉头孔

① 在功能区"主页"选项卡的"特征"组中单击"孔"按钮 ，弹出"孔"对话框。

② 在"类型"选项组的"类型"下拉列表框中选择"常规孔"选项。

③ 指定点位置。在"位置"选项组中单击"绘制截面"按钮 ，弹出"创建草图"对话框。在"创建草图"对话框的"草图类型"下拉列表框中选择"在平面上"选项，在"草图 CSYS"选项组的"平面方法"下拉列表框中选择"自动判断"选项，接着单击模型的上表面，如图 4-33 所示，然后单击"确定"按钮。也可以不用在"位置"选项组中单击"绘制截面"按钮 ，而是直接单击要作为草图平面的模型上表面。

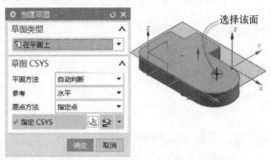

图 4-33 "创建草图"对话框及选择面

④ 确定草图平面后，系统弹出如图 4-34a 所示的"草图点"对话框。单击"点构造器"按钮 ，弹出"点"对话框，在"类型"选项组中选择"圆弧中心/椭圆中心/球心"，接着单击如图 4-34b 所示的圆弧边线（注意确保将选择范围设置为"仅在工作部件内部"），从而将点位置定义在圆弧中心，然后单击"点"对话框中的"确定"按钮，并在"草图点"对话框中单击"关闭"按钮。

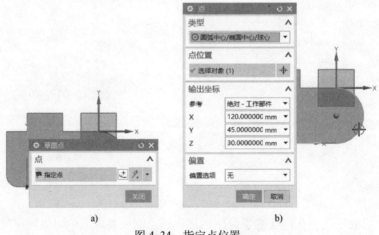

a)   b)

图 4-34 指定点位置

a) "草图点"对话框 b) 利用"点"对话框定义草图点

⑤ 在功能区的"主页"选项卡的"草图"组中单击"完成"按钮 🏁。

⑥ 孔方向默认为"垂直于面"。在"孔"对话框的"形状和尺寸"选项组中,从"成形"下拉列表框中选择"沉头"选项,接着设置沉头直径为 25mm、沉头深度为 8mm、孔直径为 12mm,选择深度限制选项为"贯通体",如图 4-35 所示。

⑦ 在"孔"对话框中单击"确定"按钮,完成一个常规沉头孔的创建,如图 4-36 所示。

图 4-35 设置沉头孔形状和尺寸参数

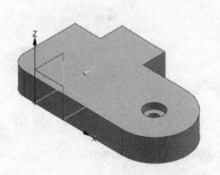

图 4-36 创建常规沉头孔

3. 创建螺纹孔

❶ 在功能区的"主页"选项卡的"特征"组中单击"孔"按钮 🔘,系统弹出"孔"对话框。

❷ 在"类型"选项组的"类型"下拉列表框中选择"螺纹孔"选项。

❸ 在模型的如图 4-37 所示的上表面位置处单击,系统弹出"草图点"对话框。

❹ 指定点位置尺寸。单击"草图点"对话框中的"关闭"按钮,接着修改当前草图点的尺寸,如图 4-38 所示。然后,单击"完成"按钮 🏁。

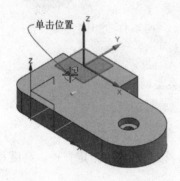

图 4-37 在模型的上表面单击

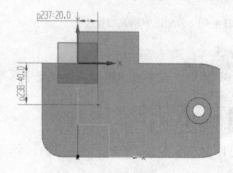

图 4-38 修改当前草图点的尺寸

❺ 返回到"孔"对话框,在"形状和尺寸"选项组中,设置螺纹尺寸规格为 M16×2、螺纹深度为 24mm、旋向为右旋,从"深度限制"下拉列表框中选择"贯通体"选项,如图 4-39 所示。

❻ 分别设置启用退刀槽(止裂口)、让位槽倒斜角(也称"起始倒斜角")和终止倒斜角,如图 4-40 所示。

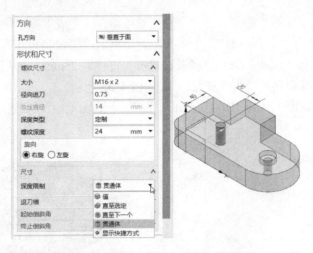

图 4-39 设置螺纹形状和尺寸

⑦ 在"孔"对话框中单击"确定"按钮，完成的螺纹孔如图 4-41 所示。

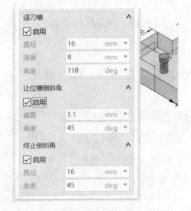

图 4-40 分别选中相关的复选框

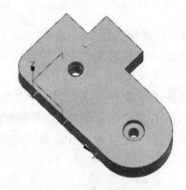

图 4-41 完成创建螺纹孔

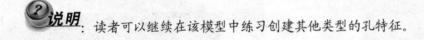

说明：读者可以继续在该模型中练习创建其他类型的孔特征。

4.3.4 创建凸台

可以很方便地在实体的平面上添加一个圆柱形凸台，该凸台具有指定直径、高度和锥角的结构。

在零件上设计凸台的典型示例如图 4-42 所示。下面结合该示例（其练习模型文件为"bc_c4_tt.prt"）介绍创建圆柱形凸台的操作步骤。

① 在功能区的"主页"选项卡的"特征"组中单击"更多"|"凸台"按钮，弹出如图 4-43 所示的"凸台"对话框。

② "选择步骤"，即选择平的放置面。在该例中就是在模型中指定凸台的放置面。

③ 设置凸台的参数，包括设置直径、高度和锥角。例如，在该例中设置直径为 30mm、高度为 20mm、锥角为 10deg。

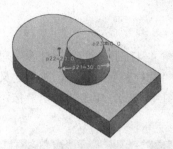

图 4-42　在零件上设计凸台

图 4-43　"凸台"对话框

④ 在"凸台"对话框中单击"确定"按钮。

⑤ 系统弹出如图 4-44a 所示的"定位"对话框。利用"定位"对话框中的相关定位工具（如"水平"按钮☒、"竖直"按钮☒、"平行"按钮☒、"垂直"按钮☒、"点到点"按钮☒、"点到线"按钮☒）创建所需的定位尺寸来定位凸台。例如，单击"垂直"按钮☒，接着在模型中选择所需的边线来创建相应的定位尺寸，并按照设计要求修改相应的尺寸值，如图 4-44b 所示。

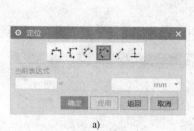

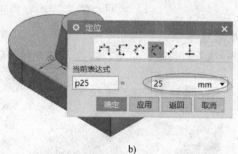

a)　　　　　　　　　　　　　　　　　　b)

图 4-44　"定位"对话框及其使用

a)"定位"对话框　b)创建定位尺寸来定位凸台

⑥ 设置定位尺寸后，单击"确定"按钮或"应用"按钮。

4.3.5　创建腔体

腔体是指从实体移除材料，或者用沿矢量对截面进行投影生成的面来修改片体。创建腔体结构的示例图如图 4-45 所示。

若要在实体模型上创建腔体，可在功能区的"主页"选项卡的"特征"组中单击"更多"|"腔"按钮☒，系统弹出"腔"对话框，如图 4-46 所示。该对话框提供了 3 种腔体的类型按钮，包括"圆柱形""矩形"和"常规"。下面介绍这 3 种腔体的创建知识。

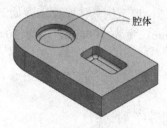

图 4-45　腔体示意

图 4-46　"腔"对话框

1．圆柱形腔体

在"腔"对话框中单击"圆柱形"按钮，打开如图 4-47a 所示的"圆柱腔"对话框，利用该对话框指定圆柱形腔体的放置平面后，弹出新的"圆柱腔"对话框，然后定义圆柱形腔体的参数（包括腔直径、深度、底面半径和锥角，见图 4-47b），单击"确定"按钮，再利用弹出的"定位"对话框来创建定位尺寸。

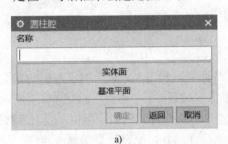 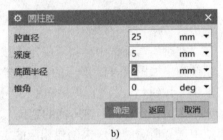

图 4-47 "圆柱腔"对话框

a) 用于选择平的放置面　b) 定义圆柱形腔体的参数

2．矩形腔体

矩形腔体具有长度、宽度、深度、角半径、底面半径和锥角参数，如图 4-48 所示。

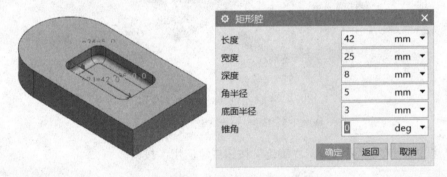

图 4-48 定义矩形腔体及其示例

3．常规腔体

常规腔体也称一般腔体，该腔体工具具有比圆柱形腔体和矩形腔体更大的灵活性，如常规腔体的放置表面可以是任意的自由形状。

在"腔"对话框中单击"常规"按钮，打开如图 4-49 所示的"常规腔"对话框，从中定义该类腔体的相关参数及选项。

下面介绍一个范例：在一个长方体模型上创建一个腔体。该范例具体操作步骤如下。

❶ 在一个新建的模型部件文件中创建一个长为 180mm、宽为 100mm，高为 30mm 的长方体模型，如图 4-50 所示。

❷ 在功能区的"主页"选项卡的"特征"组中单击"更多"|"腔体"按钮▣，系统弹出"腔"对话框。

❸ 在"腔"对话框中单击"矩形"按钮，弹出"矩形腔"对话框。

图 4-49 "常规腔"对话框

图 4-50 创建长方体模型

④ 选择如图 4-51 所示的实体面作为矩形腔体的放置面，接着选择如图 4-52 所示的边线作为水平参考。也可以利用"水平参考"对话框中的相关按钮来辅助定义水平参考。

图 4-51 指定矩形腔体的放置平面

图 4-52 定义水平参考

⑤ 系统弹出用于定义矩形腔体参数的"矩形腔"对话框，在该对话框中分别设置如图 4-53 所示的参数，然后单击"确定"按钮。

⑥ 在弹出来的如图 4-54 所示的"定位"对话框中，单击"垂直"按钮，系统提示选择目标边/基准。

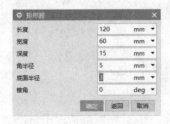

图 4-53 "矩形腔体"对话框

图 4-54 "定位"对话框

选择如图 4-55a 所示的长方体模型的一条边线，接着系统提示选择工具边，在该提示下选择如图 4-55b 所示的参考中心线定义工具边。

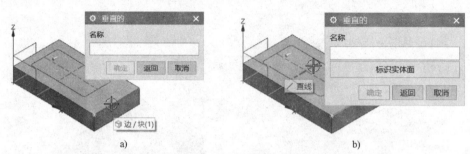

a)   b)

图 4-55　使用"垂直"尺寸工具选择对象来创建一个定位尺寸

a) 选择目标边/基准　b) 选择工具边

在弹出的"创建表达式"对话框的尺寸框中将该定位尺寸值修改为 90mm，如图 4-56 所示，然后单击"创建表达式"对话框中的"确定"按钮。

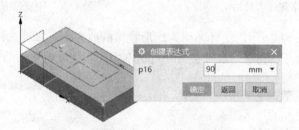

图 4-56　利用"创建表达式"对话框修改定位尺寸

⑦ 返回到"定位"对话框，单击"垂直"按钮，接着选择如图 4-57a 所示的目标边，并选择如图 4-57b 所示的工具边，并在弹出的"创建表达式"对话框中将该尺寸值修改为 50mm，如图 4-57c 所示，然后在"创建表达式"对话框中单击"确定"按钮。

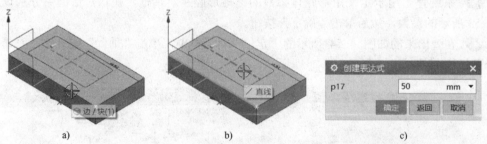

a)   b)   c)

图 4-57　使用"垂直"尺寸工具选择对象来创建定位尺寸

a) 选择目标边/基准　b) 选择工具边　c) 修改定位尺寸

⑧ 在"定位"对话框中单击"确定"按钮，然后在"矩形腔"对话框中单击"关闭"按钮 ✕ 来关闭该对话框。完成创建的矩形腔体如图 4-58 所示。

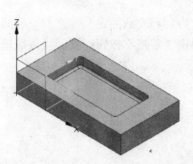

图 4-58 完成创建的矩形腔体

4.3.6 创建垫块

　　垫块是向实体添加材料，或用沿矢量对截面进行投影生成的面来修改片体。创建垫块的示例如图 4-59 所示。

　　垫块分成两种类型，一种是矩形垫块，另一种则是常规垫块（一般垫块），前者比较简单且规则，后者比较复杂但灵活。

图 4-59 创建垫块的示例

　　在这里主要介绍在实体中如何创建矩形垫块，其一般操作方法如下。

　　❶ 在功能区的"主页"选项卡的"特征"组中单击"更多"|"垫块"按钮 ，弹出如图 4-60 所示的"垫块"对话框。

　　❷ 在"垫块"对话框中选择垫块的类型："矩形"或"常规"。在这里以选择垫块的类型为"矩形"为例。

　　❸ 选择放置平面或基准面，接着选择水平参考。

　　❹ 在"矩形垫块"对话框中设置长度、宽度、高度、角半径和锥角参数，如图 4-61 所示，然后单击"确定"按钮。

图 4-60 "垫块"对话框　　　　　　图 4-61 "矩形垫块"对话框

　　❺ 系统弹出如图 4-62 所示的"定位"对话框，利用该对话框的工具来辅助创建定位尺寸，从而在实体模型中创建垫块。

常规垫块的难度在于形状控制和安放面定义，它的安放面可以是曲面。若要创建常规垫块，可在"垫块"对话框中单击"常规"按钮，打开"常规垫块"对话框，利用该对话框来定义常规垫块，如图4-63所示。

图4-62 "定位"对话框

图4-63 "常规垫块"对话框

4.3.7 创建螺纹

使用"螺纹"命令（其对应的工具为"螺纹"按钮），可以将符号或详细螺纹添加到实体的圆柱面。此类螺纹特征的螺纹类型分为两种，一种是符号螺纹，另一种是详细螺纹。前者用符号来表示螺纹，不生成真实的螺纹实体，其生成速度快，计算量小；后者则在实体模型上构造真实样式的详细螺纹效果。

下面以一个范例来介绍如何创建详细螺纹特征，而符号螺纹的创建过程也基本类似。

1. 打开素材文件

❶ 在"快速访问"工具栏中单击"打开"按钮，弹出"打开"对话框。

❷ 选择配套的"bc_c4_lw.prt"部件文件，单击"OK"按钮。打开的文件中存在着如图4-64所示的实体模型。

2. 创建详细螺纹

❶ 在功能区的"主页"选项卡的"特征"组中单击"更多"|"螺纹"按钮，系统弹出如图4-65所示的"螺纹切削"对话框。

❷ 在"螺纹切削"对话框的"螺纹类型"选项组中单击选中"详细"单选按钮，此时"螺纹切削"对话框中的内容如图4-66所示。

图 4-65　"螺纹切削"对话框

图 4-64　原始实体模型

③ 系统提示选择一个圆柱面。在模型中选择如图 4-67 所示的圆柱面。

图 4-66　单击选中"详细"单选按钮

选择圆柱面

图 4-67　选择圆柱面

④ 指定螺纹起始面。在"螺纹切削"对话框中单击"选择起始"按钮，在模型中选择如图 4-68 所示的基准平面作为螺纹的起始面（鼠标指针所指），单击"确定"按钮。

？说明：如果螺纹轴线生成方向不是所需要的，那么可执行反向螺纹轴向的操作，其方法是在弹出的如图 4-69 所示的"螺纹切削"对话框中设定螺纹起始条件，并单击"螺纹轴反向"按钮，从而使螺纹轴满足设计要求，然后单击"确定"按钮。

⑤ 指定螺纹起始面及螺纹轴方向后，分别设置螺纹小径、长度、螺距和角度等，如图 4-70 所示。

图 4-68 选择基准平面作为螺纹的起始面

图 4-69 反向螺纹轴的操作

⑥ 在"螺纹切削"对话框中单击"确定"按钮，创建的详细螺纹如图 4-71 所示。

图 4-70 设置螺纹参数

图 4-71 创建详细螺纹

读者可以在该范例模型中继续练习创建符号螺纹特征。

4.3.8 创建键槽

使用"键槽"命令，可以以直槽形状添加一条通道，使其穿过实体或在实体内部。

创建键槽的操作步骤如下。

① 在功能区的"主页"选项卡的"特征"组中单击"更多"|"键槽"按钮 ，系统弹出如图 4-72 所示的"槽"（键槽）对话框。

② 在"槽"（键槽）对话框中指定键槽类型。

③ 选择键槽的放置平面（可选择平的实体面或基准平面），并选择键槽的水平参考。如果要创建的键槽为通槽形式（即在步骤 2 中勾选"通槽"复选框，将创建一个完全通过两个选定面的键槽），那么还需要根据提示信息来指定贯通面（如起始贯通面和终止贯通面）。

④ 输入键槽的参数。

⑤ 使用"定位"对话框选择定位方式来定位键槽。

下面对键槽类型进行较为详细的介绍。

1. 矩形槽

"矩形槽"用于沿底部创建具有锐边的键槽，如图 4-73 所示，必须指定以下参数。

● 长度：键槽的长度，按照平行于水平参考方向测量，此值必须是正的。

● 宽度：形成键槽的工具的宽度。

- 深度：键槽的深度，按照与键槽轴相反的方向测量，是指原点到键槽底面的距离。此值必须是正的。

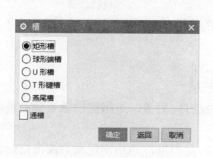

图 4-72 "槽"（键槽）对话框

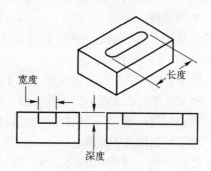

图 4-73 矩形槽示意

2. 球形端槽

"球形端槽"用于创建具有球体底面和拐角的键槽，如图 4-74 所示，创建该类型的键槽必须指定以下参数。

- 球直径：键槽的宽度（即刀具的直径）。
- 深度：键槽的深度，按照与键槽轴相反的方向测量，是指原点到键槽底面的距离。此值必须是正的。
- 长度：键槽的长度，按照平行于水平参考的方向测量。此值必须是正的。

注意，球形端槽的深度值必须大于球半径（球直径的一半）。

3. U 形槽

"U 形槽"用于创建一个 U 形键槽，此类键槽具有圆角和底面半径，如图 4-75 所示。在创建 U 形槽的过程中，必须指定以下参数。

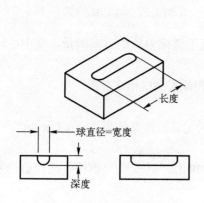

图 4-74 球形端槽示意

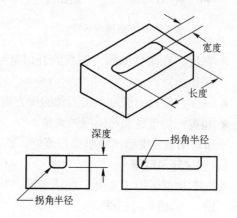

图 4-75 U 形槽示意

- 宽度：键槽的宽度（即切削刀具的直径）。
- 深度：键槽的深度，按照与键槽轴相反的方向测量，是指原点到键槽底面的距离。此值必须是正的。
- 拐角半径：键槽的底面半径（即切削刀具的边半径）。

● 长度：键槽的长度，按照平行于水平参考的方向测量。此值必须是正的。

注意，U形槽的深度值必须大于拐角半径值。

4．T形键槽

"T形键槽"用于创建一个横截面为倒转T形的键槽，如图4-76所示。若要创建T形键槽，则必须指定以下参数。

● 顶部宽度：狭窄部分的宽度，位于键槽的上方。

● 底部宽度：较宽部分的宽度，位于键槽的下方。

● 顶部深度：键槽顶部的深度，按键槽轴的反方向测量，是指键槽原点到测量底部深度值时的顶部的距离。

● 底部深度：键槽底部的深度，按刀轴的反方向测量，是指测量顶部深度值时的底部到键槽底部的距离。

5．燕尾槽

"燕尾槽"用于创建一个"燕尾"形状的键槽，此类键槽具有尖角和斜壁，如图4-77所示。若要创建燕尾槽，则必须指定以下参数。

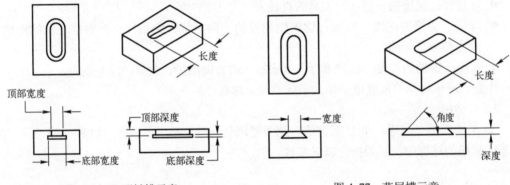

图4-76　T形键槽示意　　　　　　图4-77　燕尾槽示意

● 宽度：在实体的面上键槽的开口宽度，按垂直于键槽刀轨的方向测量，其中心位于键槽原点。

● 深度：键槽的深度，按刀轴的反方向测量，是指原点到键槽底部的距离。

● 角度：键槽底面与侧壁的夹角。

下面介绍创建键槽的简单操作范例，该范例使用的配套部件文件为"bc_c4_jc.prt"。

1．创建矩形键槽

❶ 在功能区的"主页"选项卡的"特征"组中单击"更多"|"键槽"按钮 ，系统弹出"槽"（键槽）对话框。

❷ 在"槽"（键槽）对话框中确保取消选中"通槽"复选框，然后单击选中"矩形槽"单选按钮。

❸ 系统弹出"矩形键槽"对话框，在如图4-78所示的实体面上单击以选择该实体面作为矩形键槽的放置面。

❹ 系统弹出"水平参考"对话框，并提示选择水平参考。在模型中选择如图4-79所示的侧面定义水平参考。

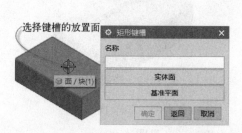

图 4-78　在实体面上单击以指定放置面　　　　图 4-79　选择水平参考

⑤ "矩形键槽"对话框此时如图 4-80 所示，设置长度为 118mm、宽度为 45mm、深度为 10mm，单击"确定"按钮。

⑥ 系统弹出"定位"对话框。在"定位"对话框中单击"垂直"按钮，并在模型中单击如图 4-81 所示的边线作为目标边/基准，接着选择如图 4-82 所示的轴线作为工具边，然后在弹出的"创建表达式"对话框中设置该定位尺寸（基准到工具边的垂直距离）为 50mm，如图 4-83 所示，单击"确定"按钮。

图 4-80　在"矩形键槽"对话框中设置参数　　　图 4-81　选择目标边/基准

图 4-82　选择工具边　　　　　　　图 4-83　指定定位尺寸值（1）

⑦ 在"定位"对话框中单击"垂直"按钮，在模型窗口中分别指定目标边（基准）和工具边，并设定其尺寸值为 90mm，如图 4-84 所示，然后单击"创建表达式"对话框中的"确定"按钮。

⑧ 在"定位"对话框中单击"确定"按钮，完成的矩形键槽如图 4-85 所示。

2. 创建燕尾槽通槽

① 在"矩形键槽"对话框中单击"返回"按钮，返回到"槽"（键槽）对话框。

② 在"槽"（键槽）对话框中选中"通槽"复选框，并单击选中"燕尾槽"单选按钮。

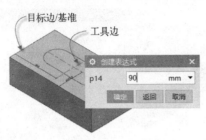

图 4-84 指定定位尺寸值（2）

图 4-85 完成的矩形键槽

③ 选择平的放置面，如图 4-86 所示，接着选择水平参考（见图 4-87）。

图 4-86 选择键槽的放置面

图 4-87 选择水平参考

④ 分别选择起始贯通面和终止贯通面，如图 4-88 所示。

⑤ 输入燕尾槽的参数，如图 4-89 所示，然后单击"确定"按钮。

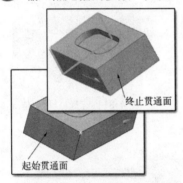

图 4-88 选择两个贯通面

图 4-89 输入键槽参数

⑥ 在弹出的"定位"对话框中单击"垂直"按钮 ，在模型窗口中分别指定目标边（基准）和工具边，接着设置该定位尺寸为 25mm，如图 4-90 所示，然后在"创建表达式"对话框中单击"确定"按钮。

⑦ 确认定位尺寸后关闭"燕尾槽"对话框。完成的燕尾槽通槽效果如图 4-91 所示。

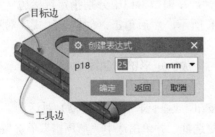

图 4-90 创建定位尺寸

图 4-91 完成的燕尾槽通槽效果

4.3.9 创建槽

使用"槽（开槽）"命令工具（其对应的工具为"槽"按钮 ▤）可以在实体上创建一个类似于车削加工形成的环形槽，如图 4-92 所示。槽特征分为 3 种类型的槽，即矩形槽（角均为尖角的槽）、球形端槽（底部为球体的槽）和 U 形沟槽（拐角使用半径的槽）。注意，"槽（开槽）"命令只能对圆柱面或圆锥面进行操作，而旋转轴是选定面的轴。另外，槽的定位和其他成形特征的定位稍有不同，即只能在一个方向上（沿着目标实体的轴）定位槽，这需要通过选择目标实体的一条边及工具（即槽）的边或中心线来定位槽。

下面以一个范例来介绍创建槽设计特征的典型操作步骤，该范例的源文件为"bc_c4_kctz.prt"。

① 在功能区的"主页"选项卡的"特征"组中单击"更多"|"槽"按钮 ▤，弹出如图 4-93 所示的"槽"对话框。

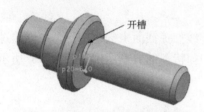

图 4-92 槽（开槽）示意

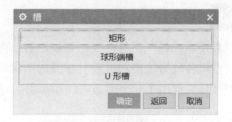

图 4-93 "槽"对话框

② 在"槽"对话框中单击"矩形"按钮。

③ 系统提示选择放置面。在模型中单击如图 4-94 所示的圆柱面作为槽放置面。

④ 系统弹出"矩形槽"对话框，从中设置槽直径和宽度，如图 4-95 所示，然后单击"确定"按钮。

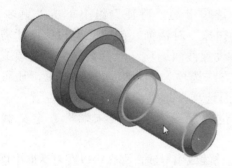

图 4-94 选择放置面

图 4-95 设置矩形槽参数

⑤ 分别指定目标边/基准和刀具边，并输入该建立的定位尺寸为 0mm，如图 4-96 所示，在"创建表达式"对话框中单击"确定"按钮。

⑥ 关闭"矩形槽"对话框。完成创建的槽特征（矩形环形槽）如图 4-97 所示。

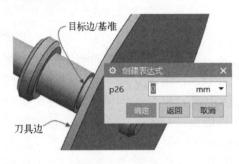

图 4-96 定位槽

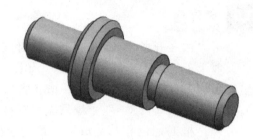

图 4-97 完成的槽特征

4.4 创建扫掠特征

扫掠工具命令主要包括"扫掠""沿引导线扫掠""变化扫掠"和"管道"。

4.4.1 扫掠

使用"扫掠"工具命令，可以沿着一个或多个引导线扫掠截面来创建特征，在创建过程中可使用各种方法控制沿着引导线的形状。创建简单扫掠特征的典型示例如图 4-98 所示，该扫掠特征使用了一个截面曲线和两条引导线串。

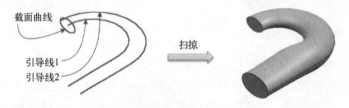

图 4-98 创建扫掠特征的示例

要创建扫掠特征，可在功能区的"主页"选项卡的"特征"组中单击"更多"|"扫掠"按钮 🐾，系统弹出如图 4-99 所示的"扫掠"对话框。创建此类扫掠特征需要选择曲线定义截面，指定引导线（最多 3 条），设置截面选项（包括截面位置选项或插值选项、对齐方法选项、定位方法选项和缩放方法选项）等。根据设计要求，还可以选择合适的曲线定义脊线。另外，要注意"截面选项"选项组中的"截面位置"下拉列表框，在该框中可以选择"沿引导线任何位置"或"引导线末端"来定义截面位置。

在图形窗口中，如果选择了不满足要求的截面曲线或引导线，那么可以在对话框中展开相应的列表，确保在列表中选择不需要的曲线集，然后单击"移除"按钮 ✕，如图 4-100 所示，然后重新选择所需的曲线。如果引导线需要选择两条或 3 条，那么在"引导线（最多 3 条）"选项组中单击"引导线"按钮 🔾 并选择第 1 条引导线后，单击"添加新集"按钮 ➕，接着选择第 2 条引导线，使用同样的方法单击"添加新集"按钮 ➕ 可以继续选择第 3 条引导线（如果需要的话）。

图 4-99 "扫掠"对话框

图 4-100 移除不需要的曲线集

值得用户注意的是，在选择具有多段相接的曲线作为截面或引导线时，需要巧用选择条的曲线规则选项，如图 4-101 所示，包括"单条曲线""相连曲线""相切曲线""特征曲线""面的边""片体边""区域边界曲线""组中的曲线"和"自动判断曲线"。其中，"单条曲线"用于只选中单条的曲线段，"相连曲线"用于选中与之相连的所有有效曲线（包括单条的曲线段在内），"相切曲线"用于选中与之相切的所有连续曲线（包括单条的曲线段在内），"特征曲线"用于只选中特征曲线。

图 4-101 巧用选择条的曲线规则选项

练习案例： 读者可以打开"bc_c4_sl.prt"文件来进行创建扫掠特征的练习。

4.4.2 沿引导线扫掠

使用"沿引导线扫掠"工具命令，可以沿着引导线扫掠截面来创建实体或曲面片体。该扫掠方式没有"扫掠"命令灵活。

指定引导线是创建此类扫掠特征的关键，它可以是多段光滑连接的曲线，也可以是具有尖角的曲线，但如果引导线具有过小尖角（如某些锐角），可能会导致扫掠失败。如果引导线是开放的，即具有开口的，那么最好将截面线圈绘制在引导线的开口端，以防止出现预料不到的扫掠结果。

下面以如图 4-102 所示的典型示例介绍沿引导线扫掠来创建实体的操作方法及步骤。

图 4-102 示例：沿引导线扫掠创建实体

① 按〈Ctrl+O〉快捷键，弹出"打开"对话框，查找并选择本示例配套的"bc_c4_yydxsl.prt"文件，单击"OK"按钮，该文件已经绘制好所需的曲线。

② 在功能区的"主页"选项卡的"特征"组中单击"更多"|"沿引导线扫掠"按钮，打开如图 4-103 所示的"沿引导线扫掠"对话框。

③ 系统提示为截面选择曲线链。在选择条（即"选择条"工具栏）的"曲线规则"下拉列表框中选择"相连曲线"，接着在图形窗口中单击将作为扫掠截面的曲线，如图 4-104 所示。

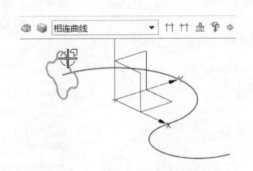

图 4-103 "沿引导线扫掠"对话框   图 4-104 为截面选择曲线

④ 在"沿引导线扫掠"对话框的"引导"选项组中，单击"曲线"按钮，接着在图形窗口中单击另一条相连曲线作为引导线的曲线。

⑤ 在"偏置"选项组中，将"第一偏置"值设置为"0"，将"第二偏置"值也设置为"0"；在"设置"选项组的"体类型"下拉列表框中选择"实体"选项，接受默认的尺寸链公差和距离公差。

⑥ 在"沿引导线扫掠"对话框中单击"确定"按钮，创建扫掠特征如图 4-105 所示。

? **说明**：在本例中，如果在"沿引导线扫掠"对话框的"偏置"选项组中，将"第一偏置"值设置为"-1"，将"第二偏置"值设置为"1"，则最终得到的扫掠结果如图 4-106 所示。

图 4-105 创建的扫掠特征 　　　　　　　图 4-106 设置其他偏置后的扫掠结果

4.4.3 变化扫掠

使用"变化扫掠"工具命令，可沿路径扫掠横截面来创建特征体，此时横截面形状沿路径改变。如图 4-107 所示的两个实体模型均可以通过"变化扫掠"工具命令来创建。

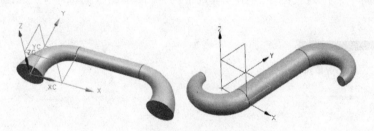

图 4-107 变化扫掠的示例

下面通过一个典型操作实例来介绍如何创建"变化扫掠"特征。

1. 新建所需的文件

❶ 按〈Ctrl+N〉快捷键，弹出"新建"对话框。

❷ 在"模型"选项卡的"模板"列表中选择名称为"模型"的模板，在"新文件名"选项组的"名称"文本框中输入"bc_c4_bhdsl"，并指定要保存到的文件夹。

❸ 在"新建"对话框中单击"确定"按钮。

2. 绘制一条将作为扫掠轨迹路径的曲线

❶ 在功能区的"主页"选项卡的"直接草图"组中单击"草图"按钮，弹出"草图"对话框。

❷ 在"草图类型"下拉列表框中选择"在平面上"，在"草图 CSYS"选项组的"平面方法"下拉列表框中选择"自动判断"，默认 XC-YC 平面为草图平面，单击"确定"按钮。

③ 绘制如图 4-108 所示的曲线，注意该曲线各邻段相切，同时注意相关的约束关系。

④ 绘制和编辑好曲线之后，单击"完成草图"按钮 ▨，按〈End〉键以等轴测视角方位显示图形，完成绘制草图曲线如图 4-109 所示。

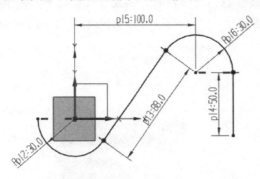

图 4-108　绘制草图

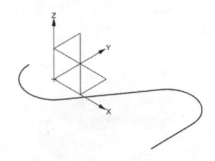

图 4-109　完成绘制的草图

3．创建"变化扫掠"特征

① 在功能区的"主页"选项卡的"特征"组中单击"更多"|"变化扫掠"按钮 ，系统弹出如图 4-110 所示的"变化扫掠"对话框。

② 在"截面线"选项组中单击"绘制截面"按钮 ▨，弹出"创建草图"对话框，在图形窗口中单击草图曲线（曲线规则为"相切曲线"），接着在"平面位置"选项组的"位置"下拉列表框中选择"弧长百分比"选项，并在"弧长百分比"文本框中输入"0"，在"平面方位"的"方向"下拉列表框中选择"垂直于路径"，草图方向选项采用默认的自动设置，如图 4-111 所示。

图 4-110　"变化扫掠"对话框

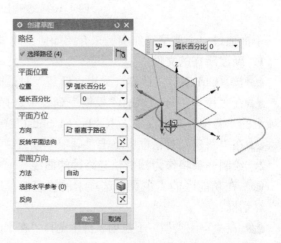

图 4-111　"创建草图"对话框

❸ 在"创建草图"对话框中单击"确定"按钮。

❹ 绘制如图 4-112 所示的一个圆，该圆的直径为 10mm，并标注其直径尺寸（或者建立该直径尺寸），然后单击"完成"按钮 。

❺ 此时，"变化扫掠"对话框和特征预览如图 4-113 所示，注意在"设置"选项组中勾选"显示草图尺寸"复选框，将"体类型"设置为"实体"。

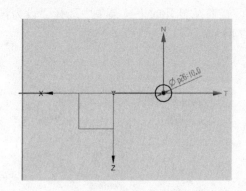

图 4-112　绘制一个圆

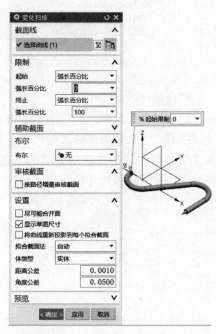

图 4-113　"变化扫掠"对话框和特征预览

❻ 在"变化扫掠"对话框中展开"辅助截面"选项组，单击"添加新集"按钮 ，从而添加一个辅助截面集，接着从"定位方法"下拉列表框中选择"通过点"选项，接着以"端点" 方式在曲线链中选择如图 4-114 所示的一个点。

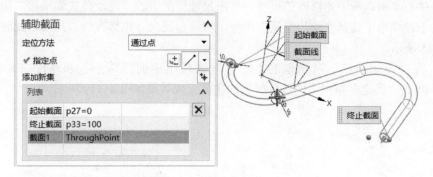

图 4-114　采用"通过点"定位方法

❼ 再次在"辅助截面"选项组中单击"添加新集"按钮 添加另一个新的辅助截面集，同样从"定位方法"下拉列表框中选择"通过点"选项，接着在曲线链中选择如图 4-115 所示的一个点。

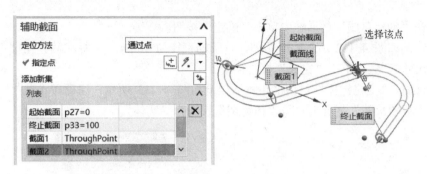

图 4-115　指定另一个截面放置点

⑧　在绘图区域中单击其中一个中间截面的标签"截面 1"（标签形式为"截面#"），或者在"辅助截面"选项组的截面列表中选择"截面 1"，此时在图形窗口中显示该截面的草图尺寸，接着单击该截面要修改的尺寸，如图 4-116 所示。

在屏显框中单击"启动公式编辑器"按钮 ▼，接着从打开的下拉菜单中选择"设为常量"命令，接着将该尺寸修改为"23"，如图 4-117 所示。

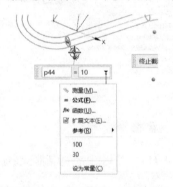

图 4-116　指定要修改的截面尺寸

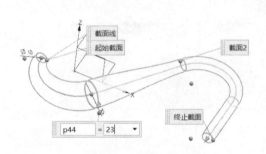

图 4-117　修改该截面尺寸

⑨　使用同样的方法，单击截面 2 标签或从截面列表中选择"截面 2"，以显示该截面的尺寸，接着单击该截面要修改的尺寸，单击尺寸框附带的"启动公式编辑器"按钮 ▼，并从出现的下拉菜单中选择"设为常量"命令，将该直径尺寸也修改为 23mm，此时预览效果如图 4-118 所示。

⑩　将"变化扫掠"对话框的"设置"选项组中的距离公差和角度公差均设置为"0.005"，单击"确定"按钮，确认后得到的实体完成效果如图 4-119 所示。

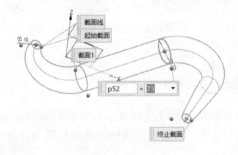

图 4-118　预览效果

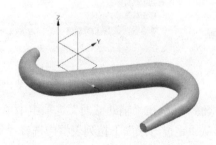

图 4-119　完成的实体效果

4.4.4 管道

使用"管道"命令，将沿曲线扫掠圆形横截面来创建实体，可设置外径和内径参数。创建管道的示例如图 4-120 所示。

图 4-120 创建管道的示例

如果要创建管道特征，那么可以按照以下操作步骤来进行。

① 在功能区的"主页"选项卡的"特征"组中选择"更多"|"管道"按钮 🌑，系统弹出如图 4-121 所示的"管"对话框。

② 选择曲线链作为管道中心线路径。

③ 在"管"对话框的"横截面"选项组中分别设置外径尺寸和内径尺寸，管道外径尺寸必须大于 0，而内径尺寸可以为 0。必要时，可以在"布尔"选项组中设置布尔选项。

④ 在"设置"选项组中设置输出选项和公差。其中，从"输出"下拉列表框中可以设置输出选项为"多段"或"单段"，如图 4-122 所示。使用"多段"的管道由多段面组成，而使用"单段"的管道由一段或两段 B 样条曲面组成。

图 4-121 "管"对话框

图 4-122 设置输出选项

⑤ 在创建管道特征过程中，可以在"预览"选项组中单击"显示结果"按钮 🔍，从而预览管道特征。满意后，单击"管"对话框中的"确定"按钮或"应用"按钮。

练习案例：读者可以打开"bc_c4_gd.prt"文件来进行创建管道特征的练习。

4.5 实体建模综合实战范例

本节介绍一个实体建模综合范例，目的是使读者更好地掌握实体特征建模的思路方法与设计技巧。本范例要完成的模型为一个轴零件，其完成的模型效果如图 4-123 所示。在该范例中，主要应用旋转、拉伸、槽、键槽、孔、基准平面和螺纹特征等。

图 4-123　轴零件

该轴零件的设计方法和步骤如下。

1．新建所需的文件

① 按〈Ctrl+N〉快捷键，弹出"新建"对话框。

② 在"模型"选项卡的"模板"列表中选择名称为"模型"的模板（单位选项为"毫米"），在"新文件名"选项组的"名称"文本框中输入"bc_c4fl_z"，并指定要保存到的文件夹。

③ 在"新建"对话框中单击"确定"按钮。

2．创建旋转特征

① 在功能区的"主页"选项卡的"特征"组中单击"旋转"按钮 ，系统弹出"旋转"对话框。

② 选择 XY 平面作为草图平面，如图 4-124 所示，NX 快速进入草图模式。

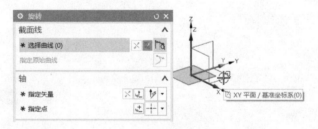

图 4-124　指定草图平面

③ 确保"轮廓"按钮 处于默认被选中的状态，绘制如图 4-125 所示的闭合图形。

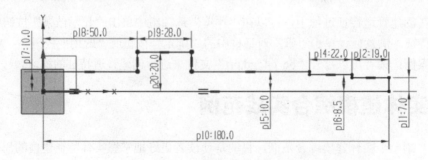

图 4-125　绘制闭合图形

④ 在功能区的"主页"选项卡的"草图"组中单击"完成"按钮🏁。

⑤ 定义旋转轴轴向。从"指定矢量"下拉列表框中选择"XC 轴"图标选项ˣᶜ。

⑥ 单击"点构造器"按钮⊞，弹出"点"对话框，设置轴点位置绝对坐标为 X=0、Y=0、Z=0，单击"确定"按钮。

⑦ 在"限制"选项组中设置开始角度值为"0"、结束角度值为"360"，而"布尔""偏置"和"设置"选项组中的选项接受默认值，如图 4-126 所示。

⑧ 单击"旋转"对话框中的"确定"按钮，创建的旋转实体特征如图 4-127 所示。

图 4-126 旋转实体的相关参数设置

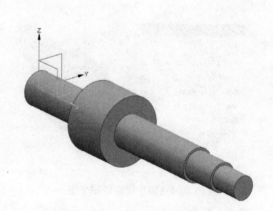

图 4-127 创建旋转实体特征

3. 创建倒斜角特征

① 在功能区的"主页"选项卡的"特征"组中单击"倒斜角"按钮🔲，系统弹出"倒斜角"对话框。

② 在"倒斜角"对话框中，从"偏置"选项组的"横截面"下拉列表框中选择"对称"选项，在"距离"文本框中输入"2"，在"设置"选项组的"偏置方法"下拉列表框中选择"沿面偏置边"选项，如图 4-128 所示。

③ 选择要倒斜角的边，如图 4-129 所示。

图 4-128 "倒斜角"对话框

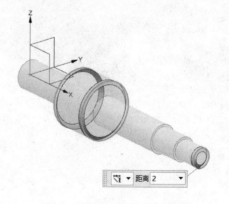

图 4-129 选择要倒斜角的边

④ 在"倒斜角"对话框中单击"确定"按钮。

4．以拉伸的方式在轴上切除实体材料

① 在功能区的"主页"选项卡的"特征"组中单击"拉伸"按钮 📖，系统弹出"拉伸"对话框。

② 在"拉伸"对话框的"截面"选项组中单击"绘制截面"按钮 🔳，弹出"创建草图"对话框。从"草图类型"下拉列表框中选择"在平面上"选项，在"草图 CSYS"选项组的"平面方法"下拉列表框中选择"自动判断"选项，在轴模型中单击如图 4-130 所示的端面作为草图平面。单击"确定"按钮，进入内部草图环境中。

③ 绘制如图 4-131 所示的拉伸截面，单击"完成"按钮 🏁，返回到"拉伸"对话框。

图 4-130　指定草图平面

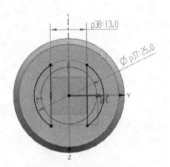

图 4-131　绘制拉伸截面

④ 在"方向"选项组中单击"反向"按钮 🗙，接着设置开始距离值为 0mm、结束距离值为 25mm，从"布尔"选项组的"布尔"下拉列表框中选择"减去"选项，如图 4-132 所示。

⑤ 在"拉伸"对话框中单击"确定"按钮，完成拉伸切除（求差）的效果如图 4-133 所示。

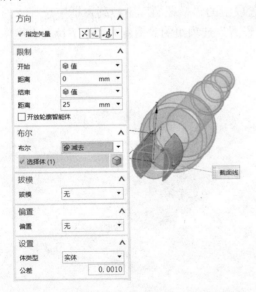

图 4-132　设置拉伸方向以及相关选项、参数

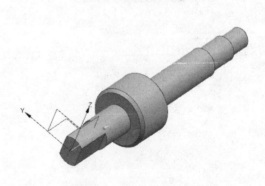

图 4-133　拉伸切除的效果

5．以旋转的方式构建一个环形槽

① 在功能区的"主页"选项卡的"特征"组中单击"旋转"按钮🚀，系统弹出"旋转"对话框。

② 在图形窗口中选择现有基准坐标系中的 XY 平面（即 XC-YC 平面）作为草图平面，快速进入草图模式。

③ 绘制如图 4-134 所示的旋转截面，然后单击"完成"按钮🏁。

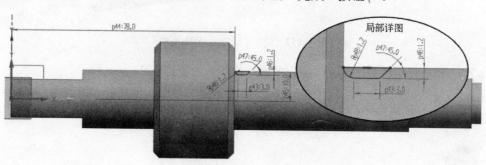

图 4-134　绘制旋转截面

④ 在"轴"选项组的"指定矢量"下拉列表框中选择"自动判断的矢量"按钮↘，在现有基准坐标系中选择 X 轴，如图 4-135 所示。

⑤ 在"限制"选项组中设置开始角度为 0deg，设置结束角度为 360deg。接着在"布尔"选项组的"布尔"下拉列表框中选择"减去"选项，如图 4-136 所示，并在"偏置"选项组中设置"偏置"选项为"无"，在"设置"选项组中设置"体类型"为"实体"。

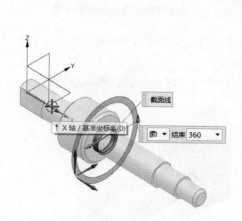

图 4-135　选择 X 基准轴定义旋转轴

图 4-136　设置布尔选项等参数

⑥ 在"旋转"对话框中单击"确定"按钮，完成创建的旋转切除结果如图 4-137 所示。

6．创建矩形槽

① 在功能区的"主页"选项卡的"特征"组中单击"更多"|"槽"按钮🗄，弹出"槽"对话框。

② 在"槽"对话框中单击"矩形"按钮。

图 4-137　旋转切除出一个环形槽

③ 在模型中单击如图 4-138 所示的圆柱面作为槽放置面。

④ 系统弹出新的"矩形槽"对话框，从中设置槽参数（槽直径和宽度），如图 4-139 所示，然后单击"确定"按钮。

图 4-138　选择放置面

图 4-139　设置矩形槽参数

⑤ 分别指定目标边/基准和刀具边，并输入该建立的定位尺寸为 0mm，如图 4-140 所示，然后在"创建表达式"对话框中单击"确定"按钮。

⑥ 关闭"矩形槽"对话框。完成创建的槽特征如图 4-141 所示，该槽是退刀槽。

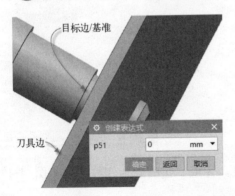

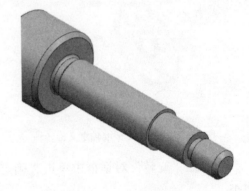

图 4-140　定位槽

图 4-141　完成该退刀槽

7. 创建基准平面

① 在功能区的"主页"选项卡的"特征"组中单击"基准平面"按钮 ，打开"基准平面"对话框。

② 从"类型"下拉列表框中选择"按某一距离"选项，选择基准坐标系中的 XC-YC 坐标平面作为参照对象，设置偏置距离为 6mm、平面的数量为 1，如图 4-142 所示。

③ 在"基准平面"对话框中单击"确定"按钮，创建的基准平面如图 4-143 所示。

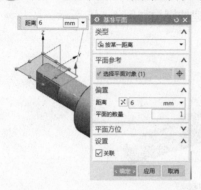

图 4-142 选择对象并设置参数

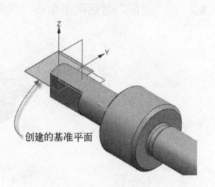

图 4-143 创建好的基准平面

8. 创建键槽

① 在功能区的"主页"选项卡的"特征"组中单击"更多"|"键槽"按钮 ◎，系统弹出"键槽"对话框。

② 在"键槽"对话框中取消勾选"通槽"复选框，并单击选中"矩形槽"单选按钮。

③ 系统弹出"矩形键槽"对话框，选择上面步骤中所创建的基准平面作为矩形键槽的放置面。单击"翻转默认侧"按钮，操作示意如图 4-144 所示。

④ 系统弹出"水平参考"对话框，并提示选择水平参考。在模型中选择 X 基准轴定义水平参考。

⑤ 在弹出的"矩形键槽"对话框中，设置矩形键槽的参数：长度为 15mm、宽度为 5mm、深度为 5mm，单击"确定"按钮。

⑥ 在"定位"对话框中单击"水平"按钮 🖰，在轴零件上选择目标对象（圆边）并在"设置圆弧的位置"对话框中单击"圆弧中心"按钮，接着在键槽上指定刀具边并在"设置圆弧的位置"对话框中单击"相切点"按钮，如图 4-145 所示。然后，在"创建表达式"对话框中输入该定位尺寸为"4"，单击"确定"按钮。

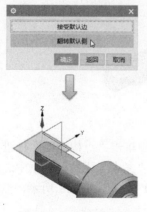

图 4-144 翻转默认侧

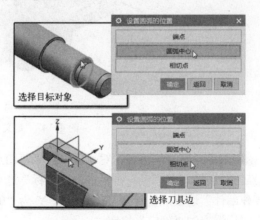

图 4-145 选择目标对象和刀具边

⑦ 在"定位"对话框中单击"垂直"按钮[⬦]，选择 XC-ZC 坐标平面作为目标基准，选择键槽的一个圆弧边并在弹出的"设置圆弧的位置"对话框中单击"圆弧中心"按钮，输入尺寸值为"0"，单击"确定"按钮。

⑧ 在"定位"对话框中单击"确定"按钮，创建的键槽如图 4-146 所示。

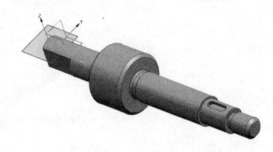

图 4-146 完成创建的键槽

说明：也可以采用"拉伸"工具并设置求差布尔运算来完成此键槽结构。

9. 隐藏基准平面

在资源板中打开"部件导航器"[⬛]选项卡，在模型历史记录列表中选择要隐藏的基准平面特征，接着右击，打开一个快捷菜单，从中选择"隐藏"命令。

10. 创建孔特征

① 在功能区的"主页"选项卡的"特征"组中单击"孔"按钮[⬛]，系统弹出"孔"对话框。

② 在"类型"下拉列表框中选择"常规孔"选项。

③ 在图形窗口中单击基准坐标系中的 XZ 坐标平面来定义草图平面，如图 4-147 所示。

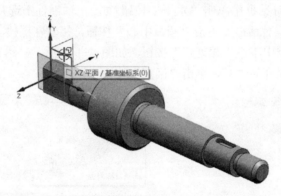

图 4-147 定义草图平面

④ 系统弹出"草图点"对话框，在"草图点"对话框中单击"点构造器"按钮[⬛]，打开"点"对话框。在"点"对话框的"坐标"选项组中，从"参考"下拉列表框中选择"绝对-工作部件"选项，设置 X 为"115"、Y 为"0"、Z 为"0"，如图 4-148 所示，然后单击"点"对话框中的"确定"按钮。

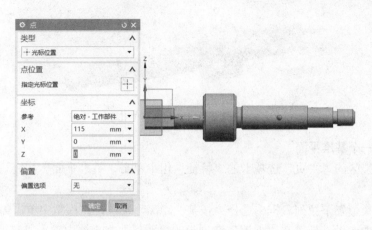

图 4-148 指定点位置

⑤ 在"草图点"对话框中单击"关闭"按钮，然后在功能区的"主页"选项卡的"草图"组中单击"完成"按钮🏁，自动返回到"孔"对话框。

⑥ 在"方向"选项组的"孔方向"下拉列表框中选择"沿矢量"选项，从"指定矢量"下拉列表框中选择"YC 轴"图标🗴，如图 4-149 所示，注意根据实际情况正确设置孔矢量方向。

⑦ 在"形状和尺寸"选项组中，从"成形"下拉列表框中选择"简单孔"，设置直径为 5mm、深度限制为"贯通体"，如图 4-150 所示。

图 4-149 定义孔方向

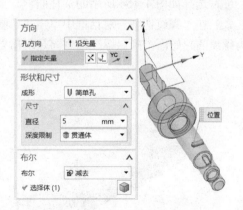

图 4-150 设置简单孔的形状和尺寸参数

⑧ 在"孔"对话框中单击"确定"按钮，完成一个常规简单通孔的创建，如图 4-151 所示（图中隐藏了基准坐标系）。

图 4-151 完成一个简单孔

11．创建一个基准平面

➊ 在功能区的"主页"选项卡的"特征"组中单击"基准平面"按钮，打开"基准平面"对话框。

➋ 从"类型"下拉列表框中选择"按某一距离"选项，在模型中单击如图 4-152 所示的端面作为平面参考，接着在"偏置"选项组的"距离"文本框中输入"3"，在"平面的数量"文本框中输入"1"，在"设置"选项组中选中"关联"复选框。

➌ 在"基准平面"对话框中单击"确定"按钮，创建的基准平面如图 4-153 所示。

图 4-152 指定平面参考

图 4-153 创建一个基准平面

12．创建螺纹

➊ 在功能区的"主页"选项卡的"特征"组中单击"更多"|"螺纹"按钮，系统弹出"螺纹切削"对话框。

➋ 在"螺纹切削"对话框中单击选中"详细"单选按钮，表示将螺纹类型设置为详细螺纹。注意确保旋转方式选项为"右旋"。

➌ 选择如图 4-154 所示的圆柱面。

➍ 在"螺纹切削"对话框中单击"选择起始"按钮，选择如图 4-155 所示的基准平面作为螺纹的起始面，确保螺纹轴方向是所需要的（指向实体），单击"确定"按钮。

图 4-154 选择圆柱面

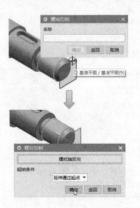

图 4-155 选择起始面

⑤ 在"螺纹切削"对话框中分别设置小径、长度、螺距和角度，如图 4-156 所示。

⑥ 在"螺纹切削"对话框中单击"确定"按钮，完成的螺纹立体效果如图 4-157 所示。

图 4-156 设置螺纹参数 　　　　　　　图 4-157 完成的螺纹立体效果

13．保存文件

至此，完成的轴零件如图 4-158 所示（图中已经隐藏了新基准平面）。单击"保存"按钮■来保存该模型文件。

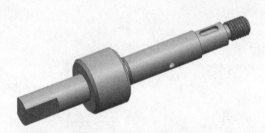

图 4-158 范例完成效果

4.6　思考练习

1）什么是体素特征？你掌握了哪些体素特征的创建方法？

2）用于创建各类扫掠特征的命令有哪些？分别举例来练习这些扫掠命令的用法。

3）可以创建哪些类型的孔特征？

4）螺纹类型有哪两种？举例说明如何创建这两种类型的螺纹。

5）上机练习：创建如图 4-159 所示的实体模型，具体形状、尺寸由读者根据效果图自行确定。

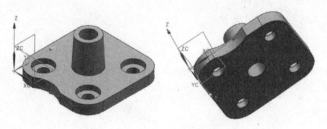

图 4-159 练习：实体模型 1

6）上机练习：创建如图 4-160 所示的实体模型，具体形状、尺寸由读者根据效果图自行确定。

图 4-160　练习：实体模型 2

第5章 特征操作及编辑

本章导读

在实际设计工作中，经常要修改各种实体模型或特征，编辑特征中的各种参数。

本章重点介绍特征操作及编辑的基础与应用知识，具体包括细节特征、布尔运算、抽壳、关联复制和特征编辑等。

5.1 细节特征

细节特征也称详细特征，包括倒斜角、边倒圆、面倒圆、样式圆角、样式拐角和拔模等，应用这些细节特征有助于改善零件的制造和使用工艺。本节介绍其中常用的倒斜角、边倒圆和拔模等。

5.1.1 倒斜角

倒斜角是指对实体面之间的锐边进行倾斜的倒角处理，是一种常见的边特征操作。当产品零件的边缘过于尖锐时，为避免擦伤，通常需要对其边缘进行倒斜角操作。另外，为了便于装配操作，在轴类零件或零件上的孔洞边缘处可根据要求设计倒斜角作为"导入结构"。倒斜角的典型示例如图5-1所示。

倒斜角

图5-1 倒斜角的示例

在功能区的"主页"选项卡的"特征"组中单击"倒斜角"按钮 🔲 ，打开如图5-2所示的"倒斜角"对话框，接着选择要倒斜角的边，指定横截面偏置类型（偏置类型有"对称""非对称"和"偏置和角度"3种），以及设置相应的倒斜角参数和其他设置内容，最后单击"应用"按钮或"确定"按钮，完成创建倒斜角特征。

下面分别结合图例辅助介绍3种横截面偏置类型的倒斜角。

图 5-2 "倒斜角"对话框

1．对称

在"偏置"选项组的"横截面"下拉列表框中选择"对称"选项时，只需设置一个距离参数，从边开始的两个偏置距离相同，它的斜角值固定为 45°。对称横截面的倒斜角如图 5-3 所示。

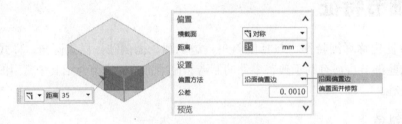

图 5-3　对称偏置的倒斜角

2．非对称

从"偏置"选项组的"横截面"下拉列表框中选择"非对称"选项时，需要分别定义距离 1 和距离 2，两边的偏距值可以不一样，如图 5-4 所示。如果发现设置的距离 1 和距离 2 偏置方位不对，可以单击"反向"按钮 X 来切换。

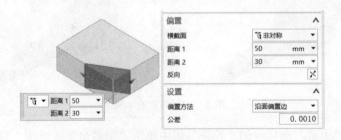

图 5-4　非对称偏置的倒斜角

3．偏置和角度

从"偏置"选项组的"横截面"下拉列表框中选择"偏置和角度"选项时，需要分别指定一个偏置距离和一个角度参数，如图 5-5 所示。如果需要，则可以单击"反向"按钮 X 来切换该倒斜角的另一个解。当将斜角度设置为 45°时，则得到的倒斜角效果可能和对称倒斜角的效果相同。

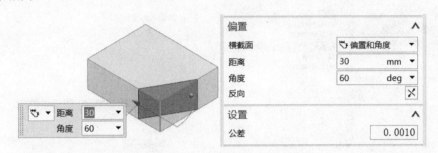

图 5-5　设置偏置和角度的倒斜角

5.1.2　边倒圆

边倒圆是指对面之间的锐边进行倒圆处理，即用指定的倒圆半径将实体的边缘变成圆柱面或圆锥面。边倒圆的半径可以是常数或变量。对于凹边，边倒圆操作会添加材料；对于凸边，边倒圆操作会减少材料。

在实体模型中创建边倒圆的典型示例如图 5-6 所示。

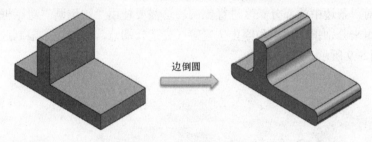

图 5-6　边倒圆的示例

若要在实体模型上创建边倒圆，则在功能区的"主页"选项卡的"特征"组中单击"边倒圆"按钮 ，系统弹出如图 5-7 所示的"边倒圆"对话框，在图形窗口中选择要倒圆的边，并设置圆角连续性选项（默认为"G1（相切）"）、形状选项（"圆形"或"二次曲线"）及其半径，接着在"边倒圆"对话框中分别设置其他选项及参数，如变半径、拐角倒角、拐角突然停止、长度限制、溢出等，然后单击"应用"按钮或"确定"按钮即可。

说明：选择好要倒圆的一条或多条边，并设定好半径，接着在"边"选项组中单击被激活了的"添加新集"按钮 ，则可以创建一个边倒圆集，该边倒圆集包括当前所选的一条或多条边。接着使用同样的操作，可以为新选定的边建立新的边倒圆集。同一个边倒圆集，包含的各边倒圆半径相同，而不同的边倒圆集，其边倒圆半径可以不同，如图 5-8 所示。在实际设计中，巧妙地利用边倒圆集来管理边倒圆，可以给以后的更改设计带来便利，如以后修改了某边倒圆集的半径，则该集的所有边倒圆均发生一致变化，而其他集则不受控制。在列表中选择某个边倒圆集时，可以为该集添加新的边倒圆，也可以更改该集的边倒圆半径。如果要删除在集列表中选定的某个边倒圆集，那么单击"移除"按钮 即可。

图 5-7 "边倒圆"对话框   图 5-8 建立几个边倒圆集

除了可以创建恒定半径的边倒圆和变半径的边倒圆之外，还可以创建具有指定边长度的边倒圆，它是对一条边中的部分长度进行倒圆，这需要使用"边倒圆"对话框中的"拐角突然停止"选项组来分别指定端点和停止位置等（先选择端点，接着设置限制选项和位置选项等参数），如图 5-9 所示。

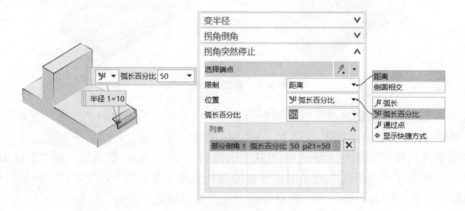

图 5-9 指定边倒圆长度位置

下面介绍一个创建边倒圆的范例。

1. 新建文件及创建一个长方体实体模型

① 按〈Ctrl+N〉快捷键，系统弹出"新建"对话框。

② 在"模型"选项卡的"模板"列表中选择名称为"模型"的模板，在"新文件名"选项组的"名称"文本框中输入"bc_c5_bdy"，并指定要保存到的文件夹。

③ 在"新建"对话框中单击"确定"按钮。

④ 在功能区的"主页"选项卡的"特征"组中单击"更多"|"长方体"按钮 ▣，创建一个长度为 100mm、宽度为 61.8mm 和高度为 20mm 的长方体，模型效果如图 5-10 所示。

2. 创建恒定半径的边倒圆

❶ 在功能区的"主页"选项卡的"特征"组中单击"边倒圆"按钮 ，系统弹出"边倒圆"对话框。

❷ 在"边"选项组中设置连续性选项为"G1（相切）"、圆角形状选项为"圆形"、圆角半径为 10mm，接着选择要倒圆的多条边（4 条侧边），如图 5-11 所示。

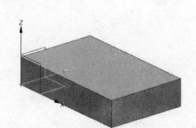

图 5-10 创建一个长方体模型

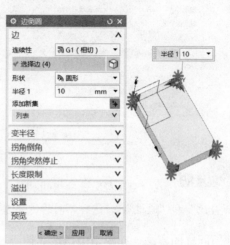

图 5-11 选择要倒圆的边

❸ 在"边倒圆"对话框中单击"确定"按钮。

3. 创建具有可变半径的边倒圆

❶ 在功能区的"主页"选项卡的"特征"组中单击"边倒圆"按钮 ，系统弹出"边倒圆"对话框。

❷ 设置圆角形状选项为"圆形"，将新集的默认圆角半径设置为 3mm，接着选择如图 5-12 所示的边线作为要倒圆的边线。

❸ 在"边倒圆"对话框中打开"变半径"选项组，如图 5-13 所示，从一个下拉列表框中选择"点在曲线/边上"图标选项 ✓。

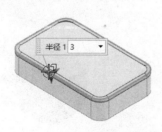

图 5-12 选择要倒圆的边线

图 5-13 为圆角控制点指定位置

④ 在如图5-14所示的模型边线上单击，接着设置该点处的半径为6mm，从"位置"下拉列表框中选择"弧长百分比"，并设置"弧长百分比"值为"50"。

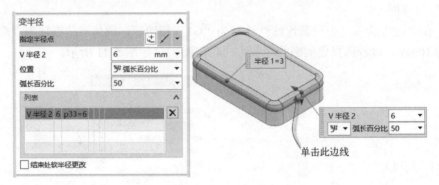

图5-14 指定一个可变半径点

说明：在"变半径"选项组的"位置"下拉列表框中，可供选择的位置选项有"弧长"、"弧长百分比"和"通过点"，选择不同的位置选项，将设置不同的位置参数和半径参数等。

使用同样的方法，在模型中指定其他3个可变半径点，并设置相应的参数，如图5-15所示。

⑤ 在"边倒圆"对话框中单击"确定"按钮，创建的可变半径的边倒圆的效果如图5-16所示。

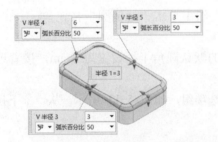

图5-15 指定其他3个可变半径点及相应的参数

图5-16 创建的可变半径的边倒圆

课堂补充练习：要求先创建一个边长为80mm的正方体实体模型，接着单击"边倒圆"按钮🔲，设置默认圆形半径为10mm，选择所有棱边进行边倒圆，然后利用"拐角倒角"选项组为8个选定端点设置相应的拐角倒圆半径，这些拐角倒圆的半径均要求为18mm，图解示例如图5-17所示。

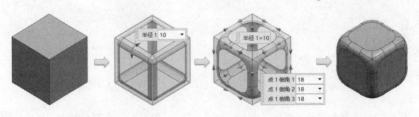

图5-17 带拐角倒圆的边倒圆练习图例

5.1.3 拔模

铸造时为了从砂中取出木模而不破坏砂型，零件毛坯往往设计有上大下小的锥度，这便形成了所谓的"拔模斜度"。在模具设计中，拔模是为了保证模具在生产零件的过程中能够使零件顺利脱模。当然，在高精度零件中，只要模具型腔和型芯表面粗糙度很小（用精密抛光或工艺磨床），不用拔模或拔模斜度很小也能顺利脱模，这通常要合理设计顶杆。

若要创建拔模特征，可在功能区的"主页"选项卡的"特征"组中单击"拔模"按钮，打开如图5-18所示的"拔模"对话框。

图5-18 "拔模"对话框

在"类型"下拉列表框中指定拔模类型，如将拔模类型设置为"面""边""与面相切"或"分型边"。图5-19～图5-22分别为"面"拔模、"边"拔模、"与面相切"拔模或"分型边"拔模的典型示例。

图5-19 示例："面"拔模

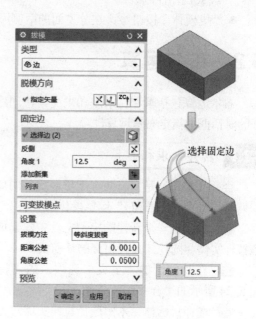

图5-20 示例："边"拔模

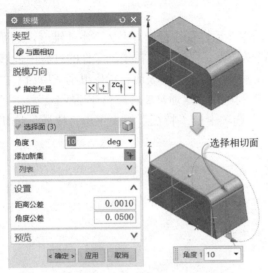

图 5-21 示例："与面相切"拔模

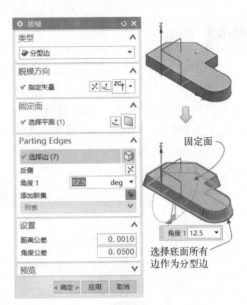

图 5-22 示例："分型边"拔模

5.1.4 其他细节特征

在功能区"主页"选项卡的"特征"组（包括其"更多"库列表）中还提供其他几种细节特征（即详细特征）的创建工具，如"面倒圆"按钮 🔧 和"拔模体"按钮 🔩，它们的功能含义如下（本书要求初学者只了解这两个细节特征的功能用途）。

- "面倒圆"按钮 🔧：在选定面组之间添加相切圆角面。圆角形状可以是圆形、二次曲线或规律控制。
- "拔模体"按钮 🔩：在分型面的两侧添加并匹配拔模，用材料自动填充低切区域。

5.2 布尔运算

布尔运算包括求和、求差和求交。在创建一些实体特征的过程中也可以在创建工具所打开的对话框中指定布尔运算选项。

5.2.1 合并（求和）

合并（求和）是指将两个或更多实体的体积合并为单个体。下面以一个简单范例来介绍如何进行"合并（求和）"运算操作。

① 假设在一个新建的模型文件中建立如图 5-23 所示的一个拉伸实体和一个圆柱体，该拉伸实体和圆柱体具有相交的体积块。

② 在功能区的"主页"选项卡的"特征"组中单击"合并"按钮 🔧，系统弹出如图 5-24 所示的"合并"对话框。

③ 选择目标体。本例选择拉伸实体作为目标体。

④ 选择工具体（也称刀具体），可以选择多个对象作为工具体。本例选择圆柱体作为工具体。

图 5-23 创建拉伸实体和单独的圆柱体

图 5-24 "合并"对话框

⑤ 在"区域"选项组中取消选中"定义区域"复选框,接着在"设置"选项组中设置"保存目标"和"保存工具"这两个复选框的状态,并设置公差值。在本例中,均不选中"保存目标"和"保存工具"这两个复选框。

⑥ 在"合并"对话框中单击"确定"按钮,从而将该拉伸实体和圆柱体组合成一个单一的实体对象。

5.2.2 减去(求差)

减去(求差)是指从一个实体的体积中减去另一个的,留下一个空体。下面以一个简单范例来介绍如何进行"减去(求差)"运算操作。

❶ 还是假设在一个新建的模型文件中建立如图 5-23 所示的一个拉伸实体和一个圆柱体,该拉伸实体和圆柱体具有相交的体积块。

❷ 在功能区的"主页"选项卡的"特征"组中单击"求差"按钮 ⚙ ,系统弹出如图 5-25 所示的"求差"对话框。

❸ 选择目标体。选择拉伸实体作为目标体。

❹ 选择工具体,可以选择多个对象作为工具体。本例选择圆柱体作为工具体。

❺ 在"设置"选项组中设置"保存目标"和"保存工具"这两个复选框的状态,并设置公差值。在这里均不选中"保存目标"和"保存工具"这两个复选框。

❻ 在"求差"对话框中单击"确定"按钮,得到的求差结果如图 5-26 所示。

图 5-25 "求差"对话框

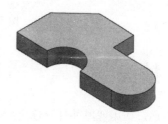

图 5-26 求差结果

5.2.3 相交（求交）

相交（求交）是指创建一个体，它包含两个不同的体共享的体积。下面以一个简单范例来介绍如何进行"相交（求交）"运算操作。

① 假设在一个新建的模型文件中建立如图 5-27 所示的一个球体和一个拉伸实体，该球体和拉伸实体具有相交的体积块。

② 在功能区的"主页"选项卡的"特征"组中单击"相交"按钮 ，系统弹出如图 5-28 所示的"相交"对话框。

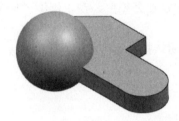

图 5-27　单独的球体和单独的拉伸实体

图 5-28　"相交"对话框

③ 选择目标体。本例选择拉伸实体作为目标体。

④ 选择工具体。本例选择球体作为工具体。

⑤ 在"设置"选项组中设置"保存目标"和"保存工具"这两个复选框的状态，并设置公差值。在这里均不选中"保存目标"和"保存工具"这两个复选框。

⑥ 在"相交"对话框中单击"确定"按钮，得到的相交（求交）结果如图 5-29 所示。

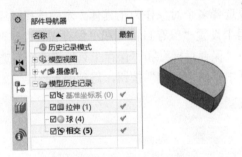

图 5-29　相交（求交）结果

5.3　抽壳

可以通过应用壁厚并打开选定的面来修改实体，这就是抽壳的设计理念，示例如图 5-30 所示。另外，还可以对所有面抽壳以形成中空的实体结构。抽壳的壳体可以具有单一的壁厚，也可以为指定面设定不同的壁厚（抽壳练习文件为"bc_c5_ck.prt"）。

图 5-30　抽壳示例

在功能区的"主页"选项卡的"特征"组中单击"抽壳"按钮 ，系统弹出如图 5-31 所示的"抽壳"对话框。利用该对话框，设置抽壳类型，指定要穿透的面、抽壳厚度及备选厚度等。

图 5-31　"抽壳"对话框

下面介绍抽壳的两种类型，即"移除面，然后抽壳"和"对所有面抽壳"。

1．"移除面，然后抽壳"类型

使用此抽壳类型方法所创建的壳体具有开口造型。选择"移除面，然后抽壳"选项时，需要定义如下几个方面。

- 在模型中选择要冲裁的面，即要穿透的面（俗称为"开口面"）。
- 定义厚度。如果要改变厚度的生成方向，则在"厚度"选项组中单击"反向"按钮 。
- 如果要为其他面指定不同的厚度，则在"壳"对话框中展开"备选厚度"选项组，单击该选项组中的"面"按钮 ，接着选择要为其指定不同厚度的面，并设置相应的厚度，必要时可更改默认的厚度方向。单击"添加新集"按钮 ，可以选择其他面来设置不同的厚度集。

采用"移除面，然后抽壳"类型进行抽壳操作的典型示例如图 5-32 所示。在该示例中，基本壁厚为 3mm，而将底面的厚度设置为 5mm。

2. "对所有面抽壳"类型

如果要创建没有开口的壳体，那么可以采用"对所有面抽壳"类型来对实体进行抽壳。进行"对所有面抽壳"操作时，需要选择要抽壳的体，以及设置厚度和加厚方向等，如图 5-33 所示，必要时也可以设置备选厚度等参数。

图 5-32　示例：移除面，然后抽壳

图 5-33　抽壳所有的面

5.4　关联复制

关联复制操作的命令主要包括"阵列特征""阵列面""阵列几何特征""镜像特征""镜像面""镜像几何体"和"抽取几何特征"等。

5.4.1　阵列特征

使用"阵列特征"工具命令，可以将特征复制到许多图样或布局（线性、圆形、多边形等）中，并有对应图样边界、实例方位、旋转和变化的各种选项。

在功能区的"主页"选项卡的"特征"组中单击"阵列特征"按钮 ，系统将弹出如图 5-34 所示的"阵列特征"对话框，接着利用该对话框，选择要形成阵列的特征，指定参考点，进行阵列定义，设置阵列方法为"变化"或"简单"（"变化"是一种灵活的方法，支持多个输入，以及检查每个实例位置等；"简单"则是最快的阵列创建方法，但很少检查实例，只允许一个特征作为阵列的输入）等，最后单击"应用"按钮或"确定"按钮，从而完成阵列特征的操作。需要用户注意的是，当在"阵列方法"选项组的"方法"下拉列表框中选择"变化"选项时，则在"设置"选项组的"输出"下拉列表框中选择"阵列特征"、"复制特征"或"特征复制到特征组中"；当在"阵列方法"选项组的"方法"下拉列表框中选择"简单"选项时，则在"设置"选项组中可以选中"创建参考图样"复选框。

在"阵列特征"对话框的"阵列定义"选项组中，可以根据设计情况，从"布局"下拉列表框中选择其中一种布局选项（可供选择的布局选项包括"线性""圆形""多边形""螺旋""沿""常规""参考"和"螺旋线"），并设置该布局相应的阵列定义参照与参数。下面介绍主要布局选项的功能含义。

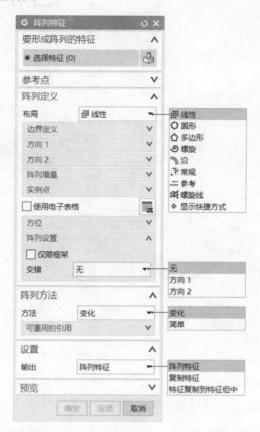

图 5-34 "阵列特征"对话框

1. 线性

选择"线性"布局时，使用一个或两个线性方向定义布局。创建线性阵列特征的典型范例如下。

❶ 打开配套素材的"bc_c5_sltz_1.prt"文件，该文件中存在如图 5-35 所示的实体模型特征。

❷ 在功能区的"主页"选项卡的"特征"组中单击"阵列特征"按钮 ，系统弹出"阵列特征"对话框。

❸ 系统提示选择要形成阵列的特征。在本例中，在部件导航器的模型历史记录中选择"简单孔（2）"特征，或者在模型窗口中选择"简单孔（2）"特征。

❹ 在"阵列定义"选项组的"布局"下拉列表框中选择"线性"选项。

❺ 在"阵列定义"选项组的"边界定义"子选项组中将边界选项设置为"无"；在"方向 1"子选项组中选择"XC 轴"图标选项 以定义方向 1 矢量，其间距选项为"数量和间隔"，数量为"9"，节距值为"10"；在"方向 2"子选项组中选中"使用方向 2"复选框，选择"YC 轴"图标选项 ，该方向的间距选项也为"数量和间隔"，方向 2 的数量为"3"，节距值为"20"；在"阵列设置"子选项组的"交错"下拉列表框中选择"无"选项，如图 5-36 所示。

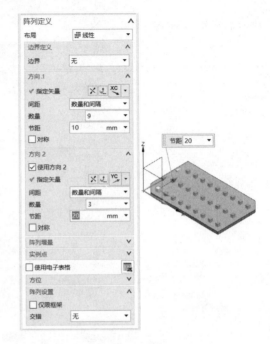

图 5-36 阵列定义

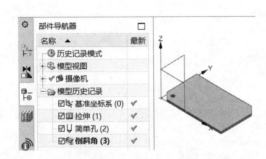

图 5-35 已有的实体模型

说明：可以为阵列特征进行边界定义，即在"边界"下拉列表框中可以选择"无" "面""曲线"或"排除"。很多设计场合接受默认的边界选项为"无"。

⑥ 在"阵列方法"选项组的"方法"下拉列表框中选择"变化"选项，在"设置"选项组的"输出"下拉列表框中选择"阵列特征"。

说明：在"设置"选项组的"输出"下拉列表框中可以选择"阵列特征"选项、 "复制特征"选项或"特征复制到特征组中"选项，其中"阵列特征"选项用于设置输出的是阵列特征，"复制特征"选项用于设置输出的是输入特征的副本（作为各特征），"特征复制到特征组中"选项用于设置输出的是特征组，其中包含输入特征的副本（作为各特征）。

⑦ 单击"确定"按钮，完成创建线性阵列特征的结果如图 5-37 所示。

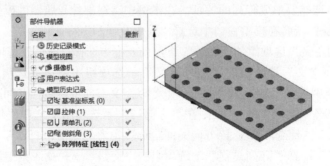

图 5-37 完成创建线性阵列特征

2. 圆形

选择"圆形"布局时，使用旋转轴和可选的径向间距参数定义布局。通过"圆形阵列"操作进行设计的典型示例如图 5-38 所示。

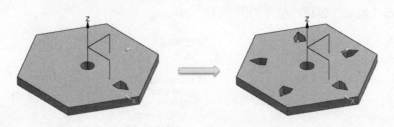

图 5-38　圆形阵列的典型示例

下面介绍使用"圆形阵列"功能的一个典型范例。

①　打开配套素材的"bc_c5_slzl_2"部件文件，该部件文件中存在如图 5-39 所示的实体模型，模型中存在着一个拉伸切口 A。

②　在功能区的"主页"选项卡的"特征"组中单击"阵列特征"按钮 ◈，系统弹出"阵列特征"对话框。

③　选择拉伸切口 A 作为要形成阵列的特征。

④　在"阵列定义"选项组的"布局"下拉列表框中选择"圆形"选项。

⑤　在"边界定义"子选项组的"边界"下拉列表框中选择"无"选项；在"旋转轴"子选项组中选择"ZC 轴"图标选项 ZC↑，在"指定点"下拉列表框中选择"圆弧中心/椭圆中心/球心"图标选项 ⊙，并在模型中选择中心圆孔的一个端面圆以获取其圆心；在"角度方向"子选项组中，将间距选项设置为"数量和跨距"，并设置数量为"5"、跨角为"360deg"；在"方位"子选项组的"方位"下拉列表框中选中"遵循阵列"选项，如图 5-40 所示。

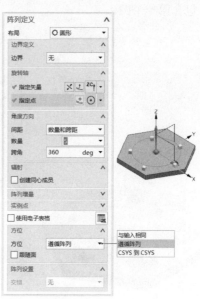

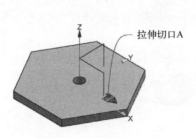

图 5-39　已有的实体模型　　　　　　　　图 5-40　圆形阵列定义

⑥ 在"阵列方法"选项组的"方法"下拉列表框中选择"变化"选项；在"设置"选项组的"输出"下拉列表框中选择"复制特征"选项，并从"表达式"下拉列表框中选择"新建"选项，如图5-41所示。

⑦ 单击"确定"按钮，结果如图5-42所示。

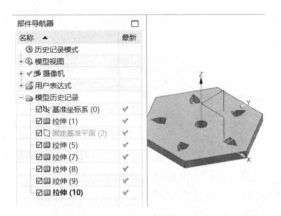

图5-41　指定阵列方法和输出选项等

图5-42　完成创建圆形阵列

说明：在本例中，如果在"阵列定义"选项组的"方位"子选项组中设置的方位选项为"与输入相同"，那么最终创建的圆形阵列结果如图5-43所示。

对于圆形阵列布局，如果在"阵列特征"对话框的"阵列定义"选项组的"辐射"子选项组中，勾选"创建同心成员"复选框，则可以在另一个方向（径向方向）定义阵列以获得辐射状的阵列图样效果，如图5-44所示，此时需要设置辐射的径向间距参数等，并可以设置是否包含第一个圆。

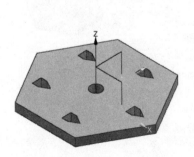

图5-43　与输入相同

图5-44　"辐射"形式的圆形阵列

3.多边形

选择"多边形"布局时，使用正多边形和可选的径向间距参数定义布局。典型示例如图 5-45 所示（配套的练习素材为"bc_c5_slzl_3.prt"部件文件）。对于某些要阵列的特征而言，在创建其阵列特征时要考虑在"方位"子选项组的"方位"下拉列表框中选择"遵循阵列"选项还是选择"与输入相同"选项。

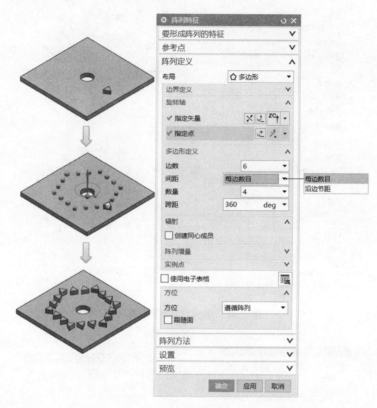

图 5-45　示例：创建多边形布局形式的阵列实例

4.螺旋（平面）

选择"螺旋"布局时，使用平面螺旋路径定义布局。其典型示例如图 5-46 所示。

5.螺旋线

采用"螺旋线"布局时，则使用空间螺旋线路径来定义阵列布局。创建"螺旋线"阵列特征的典型示例如图 5-47 所示。

6.沿

采用"沿"布局时，将定义这样一个布局：该布局遵循一个连续的曲线链和可选的第二曲线链或矢量，路径方法可以是"刚性""偏置"或"平移"，方位可以垂直于路径或与输入相同。其典型示例如图 5-48 所示。

7.常规

采用"常规"布局时，如图 5-49 所示（注意"阵列定义"选项组提供的选项参数），使用按一个或多个目标点或坐标系定义的位置来定义布局。

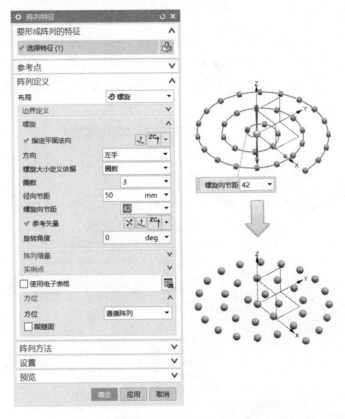

图 5-46　创建螺旋的阵列特征

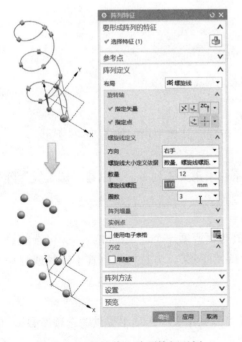

图 5-47　"螺旋线"阵列特征示例

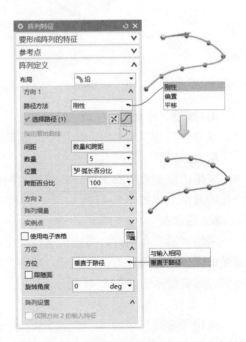

图 5-48　采用"沿"布局的阵列特征

8. 参考

采用"参考"布局时，使用现有阵列的定义来定义布局。从如图 5-50 所示的对话框中可以看出，选择要形成阵列的特征并选择"参考"布局选项后，需要选择要参考的阵列，以及选择参考阵列的基本实例手柄以用作阵列的开始位置。

图 5-49　选择"常规"布局时　　　　　　图 5-50　选择"参考"布局时

5.4.2　阵列面

使用"阵列面"命令（其对应的工具为"阵列面"按钮 ），可以使用阵列边界、实例方位、旋转和删除等各种选项将一组面复制到许多阵列或布局（线性、圆形、多边形等），然后将它们添加到体。"阵列面"特别适用于对非参模型（即移除了特征参数的模型）进行修改。

在功能区的"主页"选项卡的"特征"组中单击"更多"|"阵列面"按钮 后，系统弹出如图 5-51 所示的"阵列面"对话框，接着在模型中选择要阵列的面，接受默认参考点或自行指定参考点，进行阵列定义及其他设置等，即可完成阵列面的操作。其中，阵列面的阵列布局类型有"线性""圆形""多边形""螺旋""沿""常规""参考"和"螺旋线"，这和阵列特征的阵列布局类型一样，不再赘述。

下面简单地介绍阵列面的一个典型范例，该范例使用的配套练习文件为"bc_c5_zlm.prt"。打开该练习文件后，在功能区的"主页"选项卡的"特征"组中单击"更多"|"阵列面"按钮 ，打开"阵列面"对话框，选择要阵列的面（在选择要阵列的面时，注意确保在选择条中设定面规则，例如，在本例中将面规则选定为"凸台面或腔面"），接着在"阵列定义"选项组的"布局"下拉列表框中选择"线性"选项，并分别指定方向 1和方向 2 的参数，如图 5-52 所示，最后单击"确定"按钮。

图 5-51 "阵列面"对话框

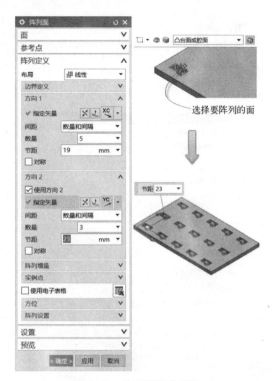

选择要阵列的面

图 5-52 阵列面操作示例

5.4.3 镜像特征

使用"镜像特征"命令（对应的工具为"镜像特征"按钮💰）可以复制特征并根据指定平面进行镜像。创建镜像特征的典型示例如图 5-53 所示。

创建镜像特征的方法及步骤简述如下。

❶ 在功能区的"主页"选项卡的"特征"组中单击"更多"|"镜像特征"按钮💰，系统弹出如图 5-54 所示的"镜像特征"对话框。

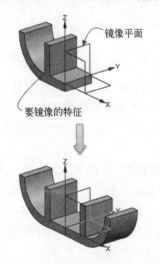

图 5-53 创建镜像特征的典型示例

图 5-54 "镜像特征"对话框

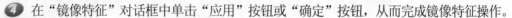

② 选择要镜像的特征。

③ 在"镜像平面"选项组中，若从"平面"下拉列表框中选择"现有平面"选项，那么在"平面"按钮□处于活动状态时选择所需的平面作为镜像平面。如果当前模型中没有所需要的镜像平面，则可以从"平面"下拉列表框中选择"新平面"选项并利用相应的平面创建工具创建新的平面来定义镜像平面。

④ 在"镜像特征"对话框中单击"应用"按钮或"确定"按钮，从而完成镜像特征操作。

5.4.4 镜像面

"镜像面"命令（对应的工具为"镜像面"按钮 ⑮）用于放置一组面并跨平面进行镜像。镜像面包括两个方面的操作，一是选择要镜像的面，二是指定镜像平面。如果要镜像的不是特征对象，而是模型中的某组面，并且要用镜像后的一组面修改体，那么应该使用"镜像面"命令。下面以一个范例介绍镜像面的一般操作步骤。

① 按〈Ctrl+O〉快捷键，弹出"打开"对话框，选择"bc_c5_jxm.prt"文件，单击"OK"按钮，文件中存在着如图 5-55 所示的一个模型。

② 在功能区的"主页"选项卡的"特征"组中单击"更多"|"镜像面"按钮 ⑮，弹出如图 5-56 所示的"镜像面"对话框。

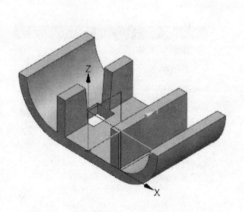

图 5-55 已有的模型

图 5-56 "镜像面"对话框

③ 在选择条的"面规则"下拉列表框中选择"键槽面"选项，接着在图形窗口中单击如图 5-57 所示的一处面以选中所选的一组面。

④ 在"镜像平面"选项组的"平面"下拉列表框中选择"现有平面"选项，单击"平面"按钮□，选择基准坐标系的 YZ 平面作为镜像平面。

⑤ 单击"确定"按钮，镜像面的结果如图 5-58 所示。

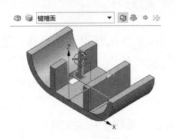

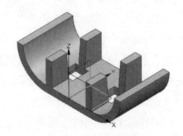

图 5-57　选择要镜像的一组面　　　　　　　图 5-58　镜像面的结果

5.4.5 阵列几何特征与镜像几何体

　　"阵列几何特征"是指将几何体复制到许多阵列或布局（线性、圆形、多边形等）中，并带有对应阵列边界、实例方位、旋转和删除的各种选项，其操作步骤和阵列特征的操作步骤类似。在功能区的"主页"选项卡的"特征"组中单击"更多" | "阵列几何特征"按钮 ，弹出如图 5-59 所示的"阵列几何特征"对话框，接着选择要形成阵列的几何体，进行阵列定义，以及在"设置"选项组中设置是否关联和是否复制螺纹，然后单击"确定"按钮。

　　"镜像几何体"是指复制几何体并跨平面进行镜像。在功能区的"主页"选项卡的"特征"组中单击"更多" | "镜像几何体"按钮 ，弹出如图 5-60 所示的"镜像几何体"对话框，接着选择要镜像的几何体，并指定镜像平面，以及在"设置"选项组中设置一些选项，最后单击"确定"按钮即可。

图 5-59　"阵列几何特征"对话框　　　　　图 5-60　"镜像几何体"对话框

5.4.6 抽取几何特征

　　在 UG NX 11.0 中，"抽取几何特征"是指为同一部件中的体、面、曲线、点和基准创建关联副本，并可以为体创建关联镜像副本。

在功能区的"主页"选项卡的"特征"组中单击"更多"|"抽取几何特征"按钮，弹出如图 5-61a 所示的"抽取几何特征"对话框，在"类型"选项组的"类型"下拉列表框中指定抽取几何特征的类型，即选择"复合曲线""点""基准""面""面区域""体"或"镜像体"选项，接着根据所选类型选择所需的对象并进行相应的参数设置操作，然后单击"确定"按钮。例如，在"类型"选项组的"类型"下拉列表框中选择"复合曲线"选项，接着在图形窗口中选择要复制的曲线或模型边线，以及在"设置"选项组中指定"关联"复选框、"隐藏原先的"复选框、"允许自相交"复选框和"使用父部件的显示属性"复选框的状态，并指定连结曲线的方式，如图 5-61b 所示，然后单击"确定"按钮，从而通过抽取几何特征来创建一条复合曲线。

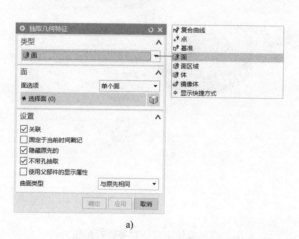

a)   b)

图 5-61 "抽取几何特征"对话框

a) 选择"面"类型时 b) 选择"复合曲线"类型时

5.5 特征编辑

特征编辑比较灵活。特征编辑的主要命令基本集中在"编辑"|"特征"级联菜单（需要单击"菜单"按钮 菜单(M)▾ 来打开）中，主要包括"特征尺寸""编辑位置""移动""移除参数""替换""替换为独立草图""由表达式抑制""调整基准平面的大小""实体密度""重播"（回放）"可回滚编辑"和"重排序"等，如图 5-62 所示。

5.5.1 编辑特征尺寸

下面结合一个简单例子（配套源文件为"bc_c5_bjtzcc.prt"）介绍编辑特征尺寸的方法和步骤。

❶ 单击"菜单"按钮 菜单(M)▾，接着从打开的菜单中选择"编辑"|"特征"|"特征尺寸"命令，系统弹出

图 5-62 "编辑"|"特征"级联菜单

如图 5-63 所示的"特征尺寸"对 话框。

② 选择要使用特征尺寸进行编辑的特征。可以展开"特征"选项组的"相关特征"子选项组，根据设计要求使用"添加相关特征"复选框和"添加体中的所有特征"复选框。例如，选择一个拉伸特征，如图 5-64 所示，则在"尺寸"选项组的列表框中列出该特征的尺寸。

图 5-63 "特征尺寸"对话框

图 5-64 选择要使用特征尺寸进行编辑的特征

③ 在"尺寸"选项组中单击"选择尺寸"按钮，接着在图形窗口中选择当前特征要编辑的尺寸，也可以直接在"尺寸"选项组的尺寸列表框中选择要编辑的尺寸，然后为该尺寸输入有效的新值。

例如，在"尺寸"选项组的尺寸列表框中选择其中一个尺寸，然后为其设置新值（将原数值为"50"的直径尺寸更改为"26"），如图 5-65a 所示。

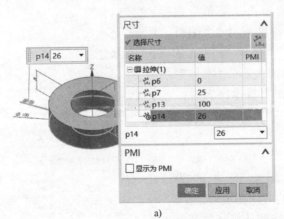

图 5-65 示例：编辑特征尺寸

a) 选择尺寸并编辑尺寸 b) 编辑特征尺寸的结果

④ 可以继续选择其他尺寸来进行编辑。

⑤ 在"特征尺寸"对话框中单击"确定"按钮，则系统以新值更新特征，编辑特征尺寸的示例结果如图 5-65b 所示。

5.5.2 编辑位置

对于一些相对于其他几何体定位（创建有定位尺寸）的特征，可使用"编辑"|"特征"|"编辑位置"菜单命令通过编辑特征的定位尺寸来移动特征。

单击"菜单"按钮 菜单(M)▼，选择"编辑"|"特征"|"编辑位置"命令，系统弹出一个"编辑位置"对话框，如图 5-66 所示。该对话框列出了模型中可用定位尺寸的特征，从中选择要编辑位置的目标特征对象后，单击"确定"按钮，系统通常会弹出如图 5-67 所示的"编辑位置"对话框，接下来便可以进行添加尺寸、编辑尺寸值和删除尺寸这些编辑操作。

图 5-66 "编辑位置"对话框（1）

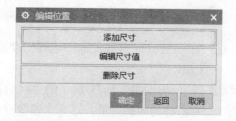

图 5-67 "编辑位置"对话框（2）

- "添加尺寸"按钮：该按钮用于为成形特征（某些设计特征）添加定位尺寸约束。
- "编辑尺寸值"按钮：该按钮用于修改成形特征（某些设计特征）的定位尺寸。单击该按钮并选择要编辑的定位尺寸（如果仅有一个定位尺寸，则默认选中此定位尺寸以编辑），将会打开如图 5-68 所示的"编辑表达式"对话框，输入所需的值，单击"确定"按钮。
- "删除尺寸"按钮：该按钮用于删除不需要的定位尺寸约束。单击该按钮，则系统将打开如图 5-69 所示的"移除定位"对话框，并提示用户选择要删除的定位尺寸。选择要删除的定位尺寸后，单击"确定"按钮，即可将所选定位尺寸删除。

图 5-68 "编辑表达式"对话框

图 5-69 "移除定位"对话框

5.5.3 特征移动

使用"编辑"|"特征"|"移动"菜单命令，可以将非关联的特征移至所需的位置处，其具体的操作步骤简述如下。

1 单击"菜单"按钮 菜单(M)▼，选择"编辑"|"特征"|"移动"命令，系统弹出提供无关联目标特征的"移动特征"对话框，如图 5-70 所示。

图 5-70 "移动特征"对话框（1）

2 在该对话框的列表框中选择一个或多个要移动的特征，然后单击"应用"按钮或"确定"按钮。

3 系统弹出如图 5-71 所示的"移动特征"对话框，在该对话框中可分别设置 DXC、DYC 和 DZC 移动距离增量，这 3 个参数分别表示在 X 方向、Y 方向和 Z 方向上的移动距离增量值。另外，可以根据设计情况应用该对话框中的以下 3 个实用按钮。

- "至一点"按钮：用于将选定特征按照从参考点到目标点所确定的方向与距离移动。
- "在两轴间旋转"按钮：用于将所选特征以一定角度绕指定点从参考轴旋转到目标轴。
- "CSYS 到 CSYS"按钮：用于将所选特征从参考坐标系中的相对位置移到目标坐标系中的同一位置。

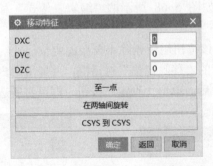

图 5-71 "移动特征"对话框（2）

需要用户特别注意的是，如果要移动或旋转具有关联的特征，即移动或旋转具有约束定位等相关性的一些特征，那么建议使用"编辑"|"移动对象"菜单命令（其快捷键为〈Ctrl+T〉，其主要功能是移动或旋转选定的对象）。按下快捷键〈Ctrl+T〉时，系统弹出

如图 5-72 所示的"移动对象"对话框，接着选择要移动的对象，设置变换选项和结果选项等，然后单击"应用"按钮或"确定"按钮。

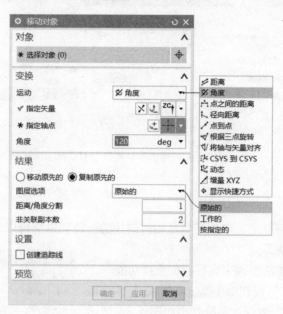

图 5-72 "移动对象"对话框

5.5.4 移除参数

移除参数是指从实体或片体移除所有参数，使其形成一个非关联的体。

单击"菜单"按钮，选择"编辑"|"特征"|"移除参数"命令，弹出如图 5-73 所示的"移除参数"对话框，接着选择要移除参数的体、曲线或点，单击"确定"按钮，弹出如图 5-74 所示的"移除参数"对话框来给出警告信息，单击"是"按钮，确定移除全部特征参数。如果单击"否"按钮，则取消移除参数操作。

图 5-73 "移除参数"对话框（1）

图 5-74 "移除参数"对话框（2）

5.5.5 编辑实体密度

可以更改实体密度和密度单位，其方法是单击"菜单"按钮并选择"编辑"|"特征"|"实体密度"命令，系统弹出如图 5-75 所示的"指派实体密度"对话框，使用该对话框选择没有材料属性的实体，接着在"密度"选项组中设置实体密度和密度单位，然后单击"应用"按钮或"确定"按钮。

图 5-75 "指派实体密度"对话框

5.5.6 特征重播

特征重播是指按特征逐一审核模型是如何创建的。特征重播可以帮助用户了解模型的构造和分析模型的合理性等。

可以按照以下简述的步骤来执行特征重播功能。

1 单击"菜单"按钮 ，接着选择"编辑"|"特征"|"重播"命令，系统弹出如图 5-76 所示的"特征重播"对话框。

2 利用"特征重播"对话框进行特征重播的相关设置与操作，包括重播控制方式、设定时间戳记数和步骤之间的秒数等。

图 5-76 "特征重播"对话框

5.5.7 编辑特征参数

可以编辑特征参数，即可以在当前模型状态下编辑特征的参数值。通常直接双击要编辑的目标体，便可以进入特征参数编辑状态。一般情况下，模型由多个特征组成，此时使用系统提供的"编辑特征参数"命令工具来编辑指定特征的参数较为方便。

单击"菜单"按钮 ，选择"编辑"|"特征"|"编辑参数"命令，系统弹出如图 5-77 所示的"编辑参数"对话框，在该对话框的特征列表框中选择要编辑的特征，单击"确定"按钮，然后利用弹出来的对话框编辑特征参数。

需要用户注意的是，对于不同的特征，弹出来的用于编辑特征参数的对话框可能有所不同。例如，对于旋转特征、拉伸特征、边倒角、面倒角等许多特征，在"编辑特征参数"命令的执行过程中会弹出创建该特征时的对话框。假设在如图 5-77 所示的"编辑参数"对话框中选择一个倒斜角特征"倒斜角 (4)"，接着单击"确定"按钮，则弹出如图 5-78 所示的"倒斜角"对话框，从中编辑相关参数即可。

对于一般成形设计特征，将弹出一个包含"特征对话框"和其他内容的对话框。假如在某"编辑参数"对话框中选择"矩形垫块"特征，单击"确定"按钮，则弹出如图 5-79 所示的"编辑参数"对话框，从中根据需要单击"特征对话框"按钮或"重新附着"按钮来编辑相应的特征参数。

图 5-77 "编辑参数"对话框　　　图 5-78 "倒斜角"对话框　　　图 5-79 "编辑参数"对话框

5.5.8 可回滚编辑

可回滚编辑是指回滚到特征之前的模型状态，以编辑该特征。其操作方法是单击"菜单"按钮 菜单(M)▾，选择"编辑"|"特征"|"可回滚编辑"命令，系统弹出如图 5-80 所示的"可回滚编辑"对话框，从该"可回滚编辑"对话框中选择要使用可回滚编辑的特征，如选择"简单孔（8）"特征，单击"确定"按钮，则系统弹出用于回滚编辑该特征的一个对话框，如图 5-81 所示，从中编辑相关内容并确定即可。

图 5-80 "可回滚编辑"对话框　　　图 5-81 回滚到选定特征的编辑状态（以孔特征为例）

说明：用户也可以在部件导航器的模型历史记录的特征列表中选择要回滚编辑的特征，接着右击，弹出一个快捷菜单，从该快捷菜单中选择"可回滚编辑"命令，然后回滚编辑特征参数和选项等即可。

5.5.9 特征重排序

模型的特征是有创建次序的，特征排序不同可能会导致模型形状不一样。在实际设计中，用户可以根据设计要求对相关特征进行重新排序，即改变特征应用到模型时的顺序。特征重新排序后，时间戳自动更新。当特征间有父子关系和依赖关系的特征时，将不能进行它们之间的重排序操作。

若要对特征进行重新排序，则可以按照以下简述的方法步骤进行。

① 单击"菜单"按钮 菜单(M)▾，选择"编辑"|"特征"|"重排序"命令，系统弹出"特征重排序"对话框，如图 5-82 所示。

② 在"参考特征"列表框中显示了设定范围内的所有特征，从中指定参考特征，接着在"选择方法"选项组中选择"之前"单选按钮或"之后"单选按钮。

③ 此时，在"重定位特征"列表框中显示由参考特征界定的重定位特征。从"重定位特征"列表框中选择要重定位的一个或多个特征，如图 5-83 所示。

图 5-82 "特征重排序"对话框

图 5-83 选择重定位特征

④ 在"特征重排序"对话框中单击"确定"按钮或"应用"按钮，从而完成特征重排序操作。

5.6 特征操作及编辑综合实战范例

本节介绍一个综合应用范例，旨在使读者掌握特征操作与编辑的综合应用方法、技巧等。该范例要完成的实体模型如图 5-84 所示。该范例主要应用的知识点包括阵列面、创建边倒圆特征、布尔运算、抽壳操作、阵列特征和移除参数。该范例具体的操作步骤如下。

图 5-84 综合范例的完成效果

1. 新建所需的文件

① 按〈Ctrl+O〉快捷键，系统弹出"打开"对话框。

② 选择本书配套的范例源文件"bc_c5_zhfl.prt"，单击"OK"按钮，该文件已有的模型效果如图 5-85 所示。

2. 阵列面

① 在功能区的"主页"选项卡的"特征"组中单击"更多"|"阵列面"按钮，弹出"阵列面"对话框。

② 在选择条的"面规则"下拉列表框中选择"键槽面"选项，接着在图形窗口中单击如图 5-86 所示的一处实体面以选中整个"键槽面"作为要阵列的面。

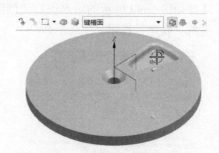

图 5-85 原始模型   图 5-86 选择要阵列的面

③ 在"阵列定义"选项组的"布局"下拉列表框中选择"圆形"选项。接着在"旋转轴"子选项组的"指定矢量"下拉列表框中选择"ZC 轴"图标选项ᶻᶜ，从"指定点"下拉列表框中选择"圆弧中心/椭圆中心/球心"图标选项⊕，在模型中单击圆盘形实体的一个大的圆形轮廓边以拾取其圆弧中心作为轴点；在"角度方向"子选项组的"间距"下拉列表框中选择"数量和跨距"选项，设置数量为"6"、跨角为"360"；在"辐射"子选项组中取消选中"创建同心成员"复选框；在"方位"子选项组的"方位"下拉列表框中选择"遵循阵列"复选框，如图 5-87 所示。

④ 在"设置"选项组中取消选中"复制倒斜角标签"复选框。

⑤ 单击"确定"按钮，结果如图 5-88 所示。

3. 创建边倒圆特征

① 在功能区的"主页"选项卡的"特征"组中单击"边倒圆"按钮，系统弹出"边倒圆"对话框。

图 5-87 阵列定义　　　　　　　　　　　　　　图 5-88 阵列面的结果

② 设置连续性为"G1（相切）"、形状为"圆形"、半径 1 的值为"5"，如图 5-89 所示。

③ 选择如图 5-90 所示的边来创建边倒圆特征。

④ 单击"确定"按钮。

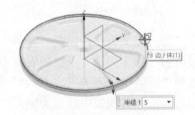

图 5-89 "边倒圆"对话框　　　　　　　　　　图 5-90 选择要倒圆的边

4. 抽壳操作

① 在功能区的"主页"选项卡的"特征"组中单击"抽壳"按钮 ，弹出"抽壳"对话框。

② 从"类型"选项组的"类型"下拉列表框中选择"移除面，然后抽壳"选项。

③ 旋转模型视图，选择如图 5-91 所示的平整实体面作为要穿透的面（要移除的面）。

④ 在"厚度"选项组中设置抽壳厚度为 3mm，在"设置"选项组的"相切边"下拉

列表框中选择"相切延伸面"选项，选中"使用补片解析自相交"复选框。

⑤ 单击"确定"按钮，抽壳结果如图 5-92 所示。

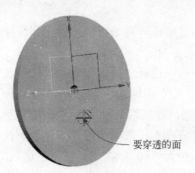
图 5-91 指定要穿透的面

图 5-92 抽壳结果

5. 创建一个圆柱体并进行"求差"布尔运算

❶ 在功能区的"主页"选项卡的"特征"组中单击"更多"|"圆柱"按钮 ▣，弹出"圆柱"对话框。

❷ 在"类型"选项组的"类型"下拉列表框中选择"轴、直径和高度"选项。

❸ 在"轴"选项组的"指定矢量"下拉列表框中选择"ZC 轴"图标选项 ᶻᶜ，接着单击"点构造器"按钮 ⊞，弹出"点"对话框，从"类型"下拉列表框中选择"自动判断的点"，接着从"参考"下拉列表框中选择"绝对-工作部件"选项，设置 X=38、Y=0、Z=0，如图 5-93 所示，单击"确定"按钮，返回到"圆柱"对话框。

❹ 在"圆柱"对话框的"尺寸"选项组中设置直径为 8mm、高度为 20mm；在"布尔"选项组的"布尔"下拉列表框中选择"减去（求差）"选项；在"设置"选项组中选中"关联轴"复选框。

❺ 单击"确定"按钮，效果如图 5-94 所示。

图 5-93 指定点位置

图 5-94 用圆柱体求差得到的模型效果

6. 创建阵列特征

① 在功能区的"主页"选项卡的"特征"组中单击"阵列特征"按钮🐾，弹出"阵列特征"对话框。

② 选择上面步骤创建的"圆柱切口"特征作为要形成阵列的特征（可在部件导航器的模型历史记录中选择"圆柱（6）"特征）。

③ 在"阵列定义"选项组的"布局"下拉列表框中选择"圆形"选项。接着在"旋转轴"子选项组的"指定矢量"下拉列表框中选择"ZC 轴"图标选项 ᶻᶜ₊，从"指定点"下拉列表框中选择"圆弧中心/椭圆中心/球心"图标选项 ⊕，在模型中单击圆盘形实体的一个大的圆形轮廓边以拾取其圆弧中心作为轴点；在"角度方向"子选项组的"间距"下拉列表框中选择"数量和间距"选项，设置数量为"6"、节距角为"60"；在"辐射"子选项组中选中"创建同心成员"复选框和"包含第一个圆"复选框，从其"间距"下拉列表框中选择"数量和间隔"选项，设置数量为"2"、节距为"25"；在"方位"子选项组的"方位"下拉列表框中选择"遵循阵列"复选框；在"阵列设置"子选项组的"交错"下拉列表框中选择"无"选项，如图 5-95 所示。

④ 在"阵列方法"选项组的"方法"下拉列表框中选择"变化"选项，在"设置"选项组的"输出"下拉列表框中选择"阵列特征"选项。

⑤ 单击"确定"按钮，完成阵列的模型效果如图 5-96 所示。

图 5-95 阵列定义

图 5-96 阵列特征效果

7. 移除所有特征参数

① 单击"菜单"按钮 菜单(M) ▾，选择"编辑"|"特征"|"移除参数"命令，弹出"移除参数"对话框。

② 在图形窗口中单击实体模型。

③ 单击"确定"按钮，系统弹出一个对话框提示："此操作将从选定的所有对象上移除参数。要继续吗？"

④ 单击"是"按钮。

8．隐藏基准坐标系

选择基准坐标系，右击，接着从弹出的快捷菜单中选择"隐藏"命令。

5.7　思考练习

1）你掌握了哪几种细节特征的创建方法和步骤？

2）什么是布尔运算？布尔运算主要包括哪些典型操作？

3）举例说明如何进行抽壳操作。

4）关联复制的主要命令包括哪些？

5）如何将非关联的特征移至所需的位置？

6）什么是可回滚编辑？

7）上机练习：构建如图 5-97 所示的三维实体模型，具体尺寸由读者自行确定。

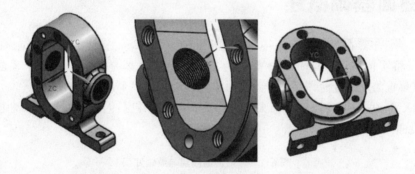

图 5-97　构建的三维实体模型（1）

8）上机练习：构建如图 5-98 所示的三维实体模型，具体尺寸由读者自行确定。

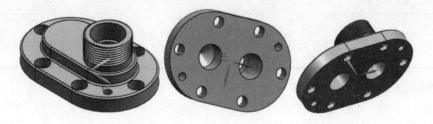

图 5-98　构建的三维实体模型（2）

第6章 曲面建模

本章导读

从某种意义上来说，曲面建模设计能力可以衡量一个造型与结构设计师的设计水平。在 UG NX 11.0 中，系统为用户提供了强大的曲面功能。

本章重点介绍曲面建模的知识，具体包括曲面基础概述、依据点创建曲面、通过曲线创建曲面、曲面的其他创建方法、编辑曲面、曲面加厚、曲面缝合与取消缝合等。

6.1 曲面基础概述

在现代的许多产品造型中，流畅曲面往往给人一种舒适、自然的美好感觉。曲面是一种统称，可以将实体自由表面和片体都称为曲面，所谓片体是由一个或多个表面组成、厚度为 0、重量也为 0 的几何体。一个曲面可以包含一个或多个片体。

UG NX 11.0 为用户提供了强大的曲面设计功能，包括创建曲面和编辑曲面等众多功能。与一般曲面相关的创建、编辑知识可参考表 6-1。

表 6-1 一般曲面创建与编辑知识

序号	主类别	典型方法或主要知识点
1	依据点创建曲面	依据点创建曲面的方法主要有"通过点""从极点""四点曲面""快速造面"
2	通过曲线创建曲面	其典型方法包括"艺术曲面""通过曲线组""通过曲线网格""扫掠""N 边曲面""剖切曲面""桥接"和"过渡"等
3	曲面的其他创建方法	其典型方法命令有"规律延伸""延伸曲面""轮廓线弯边""偏置曲面""可变偏置""偏置面""修剪片体""修剪与延伸"和"分割面"等
4	编辑曲面	编辑曲面的主要知识点包括"X 型""使曲面变形""变换曲面""扩大""剪断曲面""整修面""法向反向""光顺极点"和"编辑 U/V 向"等

曲面建模的相关工具命令集中在功能区的"曲面"选项卡中。

用户要认真学习曲面建模的知识。只要平时努力学习，多练习，多总结，以后一定能够设计出令人赏心悦目的工业产品。

6.2 依据点创建曲面

可以依据点来创建曲面。下面介绍依据点创建曲面的 4 种方法："通过点""从极点""四点曲面"和"快速造面"。

6.2.1 通过点

可以通过矩形阵列点来创建曲面，创建的曲面通过所指定的点。矩形阵列点可以是已经存在的点或从文件中读取的点。

单击"菜单"按钮 <u>菜单(M)▼</u>，选择"插入"|"曲面"|"通过点"命令，弹出如图 6-1 所示的"通过点"对话框。下面介绍该对话框中各组成部分的功能含义。

- "补片类型"下拉列表框：从中选择"单侧"选项或"多个"选项。"单侧"补片类型表示创建的曲面由一个补片组成，"多个"补片类型表示创建的曲面由多个补片组成。
- "沿以下方向封闭"下拉列表框：当从"补片类型"下拉列表框中选择"多个"选项时，才激活该下拉列表框。该下拉列表框提供 4 种选项："两者皆否"选项用于设置曲面沿行与列方向都不封闭；"行"选项用于设置曲面沿行方向封闭；"列"选项用于设置曲面沿列方向封闭；"两者皆是"选项则用于设置曲面沿行与列方向都封闭。
- "行阶次"/"列阶次"：用于设置行阶次/列阶次。阶次表示将来修改曲面时控制其局部曲率的自由度，阶次越低，补片越多，自由度就越大，反之则越小。
- "文件中的点"按钮：此按钮用来读取文件中的点以创建曲面。

下面介绍一个使用"通过点"命令来创建曲面的范例。

① 按〈Ctrl+O〉快捷键，弹出"打开"对话框，选择配套的文件"bc_c6_d.prt"，单击"OK"按钮。该文件中已有的点集如图 6-2 所示。

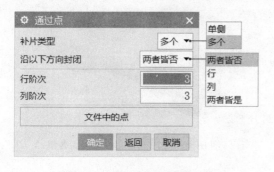

图 6-1 "通过点"对话框

图 6-2 已有的点集

② 单击"菜单"按钮 <u>菜单(M)▼</u>，选择"插入"|"曲面"|"通过点"命令，将弹出如图 6-1 所示的"通过点"对话框，从"补片类型"下拉列表框中选择"多个"选项，从"沿以下方向封闭"下拉列表框选择"两者皆否"选项，设置行阶次为 3、列阶次为 3，单击"确定"按钮，弹出如图 6-3 所示的"过点"对话框。

③ 单击"在矩形内的对象成链"按钮，接着指定如图 6-4 所示的矩形选择框，务必把第 1 排有效的点都选择在该矩形框中，然后依次指定第 1 排的起点和终点。

图 6-3 "过点"对话框

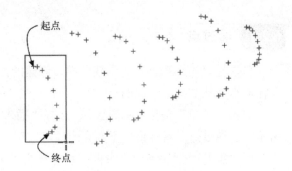

图 6-4 选择要成链的点

④ 单击两个对角点以形成一个矩形选择框来选择第 2 排的全部点，并接着指定该排的起点和终点。

⑤ 使用同样的方法，框选第 3 排的点并指定第 3 排的起点和终点；框选第 4 排的点并指定第 4 排的起点和终点。

⑥ 系统弹出如图 6-5 所示的"过点"对话框，单击"指定另一行"按钮，在图形窗口中单击两个对角点以形成一个矩形选择框来选择第 5 排的全部点，并指定该排的起点和终点。

⑦ 在弹出的"过点"对话框中单击"指定另一行"按钮，在图形窗口中单击两个对角点以形成一个矩形选择框来选择第 6 排的全部点，并指定该排的起点和终点。

⑧ 在弹出的"过点"对话框中单击"所有指定的点"按钮，完成曲面创建，效果如图 6-6 所示。

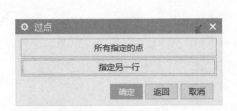

图 6-5 "过点"对话框

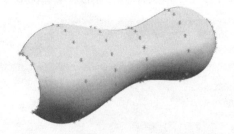

图 6-6 "通过点"完成的曲面效果

6.2.2 从极点

使用"从极点"命令创建曲面是指用定义曲面极点的矩形阵列点来创建曲面。

单击"菜单"按钮 雪 菜单(M) ▼，选择"插入" | "曲面" | "从极点"命令，系统将弹出如图 6-7 所示的"从极点"对话框。"从极点"对话框的组成元素和 6.2.1 节介绍的"通过点"对话框的组成元素相同。在"从极点"对话框中设置补片类型、封闭选项、行阶次和列阶次等，单击"确定"按钮，弹出如图 6-8 所示的"点"对话框，利用"点"对话框指定所需的点来创建曲面。

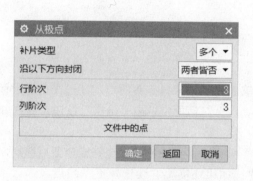

图 6-7 "从极点"对话框

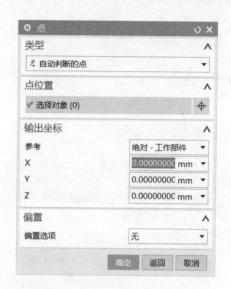

图 6-8 "点"对话框

下面介绍一个使用"从极点"命令创建曲面的典型范例。

① 按〈Ctrl+O〉快捷键，弹出"打开"对话框，选择配套的文件"bc_c6_d2.prt"，单击"OK"按钮。该文件中已有的点集如图 6-9 所示。

② 单击"菜单"按钮 菜单(M)▼，选择"插入"|"曲面"|"从极点"命令，系统弹出"从极点"对话框，设置补片类型为"多个"，从"沿以下方向封闭"下拉列表框中选择"两者皆否"选项，设置行阶次为 3、列阶次为 3，单击"确定"按钮，弹出"点"对话框。

③ 在"点"对话框的"类型"下拉列表框中选择"现有点"选项，如图 6-10 所示。

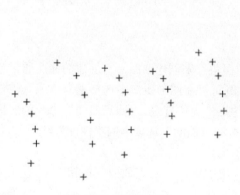

图 6-9 已有的点集

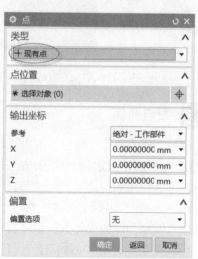

图 6-10 指定点类型

④ 如图 6-11 所示，按顺序依次单击第 1 排（从左向右算起）点集的点，直到选择完第 1 排的点，然后在"点"对话框中单击"确定"按钮，系统弹出如图 6-12 所示的"指定点"对话框，单击"是"按钮，系统再次弹出"点"对话框。

图 6-11　按顺序依次单击第 1 排点集的点

图 6-12　"指定点"对话框

⑤　使用同样的方法，分别指定第 2 排、第 3 排和第 4 排点集的点，在选择点的过程中一定要按照顺序选择点，每选择完一排点后在"点"对话框中单击"确定"按钮，并在弹出的"指定点"对话框中单击"是"按钮。

⑥　系统弹出如图 6-13 所示的"从极点"对话框。如果此时已经完成全部点选择，那么单击"所有指定的点"按钮来完成曲面创建；如果还需要继续选择更多的点，那么单击"指定另一行"按钮。在本例中，还需要继续指定一行点，即单击"指定另一行"按钮，弹出"点"对话框，按照顺序依次选择第 5 排的点，选择该排最后一个点后单击"点"对话框的"确定"按钮，再在弹出的"指定点"对话框中单击"是"按钮。

⑦　在弹出的"从极点"对话框中单击"所有指定的点"按钮，完成曲面创建，完成效果如图 6-14 所示。

图 6-13　"从极点"对话框

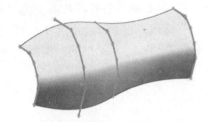

图 6-14　创建"从极点"曲面

6.2.3　四点曲面

使用"四点曲面"命令，可以通过指定 4 个拐角点来创建曲面，其创建的曲面通常被称为"四点曲面"。指定 4 个点的方法较为灵活，既可以在图形窗口中选择现有点或其他任意点，也可以使用点构造器（"点"对话框）定义的点作为位置等。"四点曲面"命令的快捷键为〈Ctrl+4〉，其对应的工具按钮为 ▨（位于功能区的"曲面"选项卡的"曲面"组中）。

创建四点曲面的操作方法和步骤简述如下。

①　在功能区的"曲面"选项卡的"曲面"组中单击"四点曲面"按钮 ▨，系统弹出如图 6-15 所示的"四点曲面"对话框。

②　指定点 1。

③　指定点 2。

④　指定点 3。

⑤　指定点 4。

6 此时，曲面预览如图 6-16 所示。在"四点曲面"对话框中单击"确定"按钮，从而完成创建四点曲面。

图 6-15 "四点曲面"对话框

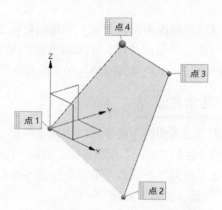

图 6-16 指定 4 个点创建曲面

6.2.4 快速造面

使用"快速造面"命令（"快速造面"按钮 ），可以从小平面体创建曲面模型。

在功能区的"曲面"选项卡的"曲面"组中单击"快速造面"按钮 ，系统将弹出如图 6-17 所示的"快速造面"对话框，接着选择可用的小平面体，并添加网格曲线、编辑曲线网，以及设置次数和段数等，然后单击"应用"按钮或"确定"按钮，便可从选择的小平面体创建曲面模型。在快速造面设计中，添加网格曲线的操作方式有"在小平面体上绘制""在边界上绘制""导入曲线"和"细分环"，分别用于从相应渠道获取创建网格曲面的曲线，另外，可以设置添加的曲线是否附着到小平面体上；而编辑曲线网的操作包括删除曲线、删除节点、拖动曲线点、拖动网格节点和连接曲线。

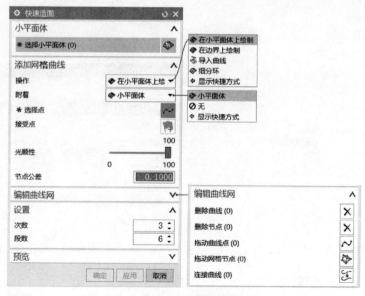

图 6-17 "快速造面"对话框

6.3 通过曲线创建曲面

可以通过曲线来创建曲面，曲线的好坏也会影响到曲面的质量和形状。利用拉伸、回转等方式可以创建曲面片体。本节将介绍其他由曲线构造曲面的典型方法，包括"艺术曲面""通过曲线组""通过曲线网格"和"N 边曲面"。

6.3.1 艺术曲面

使用"艺术曲面"命令可以用任意数量的截面和引导线串来创建曲面。

在功能区的"曲面"选项卡的"曲面"组中单击"艺术曲面"按钮 ◈ ，弹出如图 6-18 所示的"艺术曲面"对话框。下面介绍艺术曲面的几个相关概念。

1. 截面（主要）曲线

在"截面（主要）曲线"选项组中确保选中"曲线"按钮 🔲 时，可以为艺术曲面选择所需的截面（主要）曲线。选择好一组截面（主要）曲线串后，如果还需要另外一组截面（主要）曲线串，那么在该选项组中单击"添加新集"按钮 🔧 （等同于此时单击鼠标中键），再选择新的一组截面（主要）曲线串，依此方法可以根据设计要求选择更多组的截面（主要）曲线串，所选的截面（主要）曲线串将显示在相应的列表中，如图 6-19 所示。需要多组截面（主要）曲线串时，注意它们的选择次序和各自线串的方向，这些都将影响艺术曲面的生成情况。

图 6-18 "艺术曲面"对话框

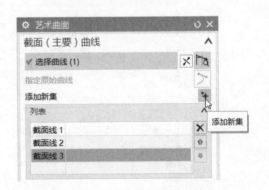

图 6-19 选择多组截面线

2. 引导（交叉）曲线

艺术曲面的引导（交叉）曲线主要用于引导艺术曲面的走向。对于选择了多组截面（主要）曲线串的情况，可以不用指定引导（交叉）曲线也能生成艺术曲面。若要为艺术曲面指定引导（交叉）曲线，可在"引导（交叉）曲线"选项组中单击"引导（交叉）曲线"按钮 🔲，接着选择所需的曲线串作为引导（交叉）曲线。引导（交叉）曲线的选择方法与截面（主要）曲线的选择方法相同，一样要注意曲线起点箭头的方向。

3．连续性

在"连续性"选项组（见图 6-20）中可以设置艺术曲面在第一截面、最后截面、第一条引导线和最后一条引导线处的连续性条件，即将艺术曲面约束为与相邻面呈 G0（位置）、G1（相切）或 G2（曲率）连续。

4．输出曲面选项及其他

设置内容如图 6-21 所示。在"输出曲面选项"选项组的"对齐"下拉列表框中设置以何种方式对齐等参数曲线，以及在需要时设置过渡控制方式；如果单击"切换线串"按钮，则将截面（主要）曲线和引导（交叉）曲线交换，即原截面（主要）曲线变为引导（交叉）曲线，而原引导（交叉）曲线变为截面（主要）曲线。在"设置"选项组中指定体类型，设置截面和引导线的重新构建方式等。

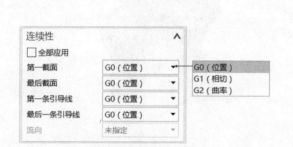

图 6-20 "连续性"选项组　　　　　　图 6-21 设置输出曲面选项等

下面通过一个案例介绍如何通过多条曲线创建艺术曲面。

❶ 按〈Ctrl+O〉快捷键，弹出"打开"对话框，选择配套的文件"bc_c6_ysqm.prt"，单击"OK"按钮。该文件中已有的曲线如图 6-22 所示。

❷ 在功能区的"曲面"选项卡的"曲面"组中单击"艺术曲面"按钮 ◈，弹出"艺术曲面"对话框。

❸ 在"截面（主要）曲线"选项组中确保选中"曲线"按钮 🔲，选择曲线 1 作为第 1 组截面（主要）曲线串，单击鼠标中键，选择曲线 2 作为第 2 组截面（主要）曲线串，单击鼠标中键，再选择曲线 3 作为第 3 组截面（主要）曲线串，注意要使这 3 组截面（主要）曲线串的方向相同，如图 6-23 所示。

❹ 在"引导（交叉）曲线"选项组中单击"引导（交叉）曲线"按钮 🔲，选择曲线 4 作为第一条引导（交叉）曲线，单击"添加新集"按钮 ➕（在这里等同于单击鼠标中键），接着选择曲线 5 作为第二条引导（交叉）曲线，注意两条曲线的起点方向要一致，如图 6-24 所示。

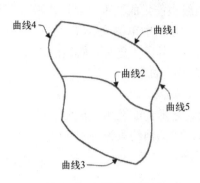

图 6-22 已有的曲线

图 6-23 指定 3 组截面（主要）曲线串

⑤ 在"连续性"选项组的"第一截面"下拉列表框、"最后截面"下拉列表框、"第一条引导线"下拉列表框和"最后一条引导线"下拉列表框中均选择"G0（位置）"选项，在"输出曲面选项"选项组的"对齐"下拉列表框中选择"参数"选项以按等参数间隔沿着截面对齐等参数曲线，在"设置"选项组的"体类型"下拉列表框中选择"片体"选项。

⑥ 单击"确定"按钮，完成创建的艺术曲面如图 6-25 所示。

图 6-24 指定两条引导（交叉）曲线

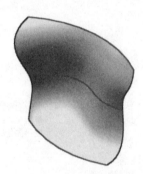

图 6-25 完成创建的艺术曲面

6.3.2 通过曲线组

使用"通过曲线组"命令创建曲面是指通过多个截面创建片体，此时直纹形状改变以穿过各截面。各截面线串之间可以线性连接，也可以非线性连接。

在功能区的"曲面"选项卡的"曲面"组中单击"通过曲线组"按钮，系统将弹出如图 6-26 所示的"通过曲线组"对话框，接着选定用于创建面的线串（曲线或点），设置连续性、对齐方式和输出曲面选项等来创建曲面。其中，输出曲面的补片类型有"单侧"（单个）、"多个"和"匹配线串"。当设置补片类型为"单侧"（单个）时，创建的曲面由单个补片组成，而此时"V 向封闭"复选框和"垂直于终止截面"复选框不可用；当设置补片类型为"多个"时，创建的曲面由多个补片组成；当选择补片类型为"匹配线串"时，将根据用户选择的剖面线串的数量来决定组成曲面的补片数量。

通过曲线组创建曲面的典型示例如图 6-27 所示，该曲面由指定的 3 个开放截面线串以参数对齐的方式来创建，在创建时注意 3 个截面线串的起始方向。

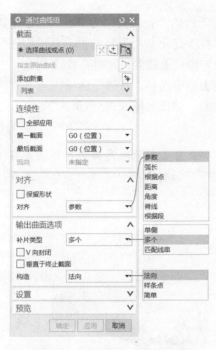

图 6-26 "通过曲线组"对话框

图 6-27 通过曲线组创建曲面的典型示例

下面介绍一个使用"通过曲线组"命令创建曲面的典型案例。

① 按〈Ctrl+O〉快捷键,弹出"打开"对话框,选择配套的文件"bc_c6_tgqxz.prt",单击"OK"按钮。该文件中已有的曲线链如图 6-28 所示。

② 在功能区的"曲面"选项卡的"曲面"组中单击"通过曲线组"按钮 ,弹出"通过曲线组"对话框。

③ 在选择条的"曲线规则"下拉列表框中选择"相切曲线"选项,在图形窗口中选择第 1 条截面线,单击"添加新集"按钮 ,选择第 2 条截面线,单击"添加新集"按钮 ,再选择第 3 条截面线,如图 6-29 所示,注意各截面线的起点方向要一致。

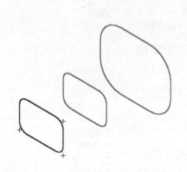

图 6-28 已有的 3 条闭合曲线链

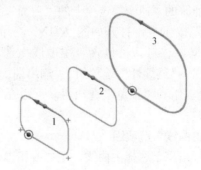

图 6-29 指定各截面线

④ 在"连续性"选项组中选中"全部应用"复选框,从"第一截面"下拉列表框中选择"G0(位置)"选项,从"最后截面"下拉列表框中选择"G0(位置)"选项。

⑤ 在"对齐"选项组中取消选中"保留形状"复选框,从"对齐"下拉列表框中选择"参数"选项。

⑥ 设置输出曲面选项。从"输出曲面选项"选项组的"补片类型"下拉列表框中选择"多个"选项，取消选中"V 向封闭"复选框和"垂直于终止截面"复选框，从"构造"下拉列表框中选择"法向"选项以设置按照正常的法向方向构造曲面，此时补片较多。

⑦ 展开"设置"选项组，从"体类型"下拉列表框中选择"片体"选项。

⑧ 单击"确定"按钮，完成通过曲线组创建曲面，结果如图 6-30 所示。

说明：当所选的截面线是封闭曲线时，可以设置生成的体是曲面片体还是实体。例如，在本例中，如果在"设置"选项组的"体类型"下拉列表框中选择"实体"选项，那么最终生成的是实体特征，如图 6-31 所示。

图 6-30　通过曲线组创建曲面

图 6-31　实体特征

6.3.3　通过曲线网格

可以通过一个方向的截面网格和另一个方向的引导线创建片体或实体。同一方向的截面网格（截面线串）通常称为"主曲线"或"主线串"，而另一方向的引导线通常称为"交叉曲线"或"交叉线串"。

在功能区的"曲面"选项卡的"曲面"组中单击"通过曲线网格"按钮📃，打开如图 6-32 所示的"通过曲线网格"对话框。该对话框包含"主曲线"选项组、"交叉曲线"选项组、"连续性"选项组、"输出曲面选项"选项组、"设置"选项组和"预览"选项组。下面介绍这些选项组的功能应用。

1. "主曲线"选项组

该选项组用于选择主曲线，主曲线相当于艺术曲面的截面（主要）曲线，所选主曲线会显示在该选项组的列表框中。需要时可以单击"反向"按钮🔀切换曲线方向等。如果需要多个主曲线，那么在选择一个主曲线后，单击鼠标中键，或者单击"添加新集"按钮🔁，则可以继续选择另一个主曲线。在定义主曲线时要特别注意设置曲线原点方向。主

图 6-32　"通过曲线网格"对话框

曲线可以为相关曲线，也可以是点。

2. **"交叉曲线"选项组**

交叉曲线的选择操作如主曲线的选择操作。在该选项组中，单击"交叉曲线"按钮 ，选择所需的交叉曲线，并可进行反向设置和指定原始曲线（设置其原点方向）。可根据设计要求选择多条交叉曲线，所选交叉曲线将显示在其列表中。

3. **"连续性"选项组**

可以将曲面连续性设置应用于全部，即勾选"全部应用"复选框。在"第一主线串"下拉列表框、"最后主线串"下拉列表框、"第一交叉线串"下拉列表框和"最后交叉线串"下拉列表框中分别指定曲面与体边界的过渡连续性方式，如设置为"G0（位置）""G1（相切）"或"G2（曲率）"。

4. **"输出曲面选项"选项组**

输出曲面选项包括"着重"和"构造"两方面，如图 6-33 所示。"着重"下拉列表框用来设置创建的曲面更靠近哪一组截面线串，其提供以下可选选项。

- "两者皆是"：用于设置创建的曲面既靠近主线串也靠近交叉线串，即主曲线和交叉曲线有同等影响效果。
- "主线串"：用于设置创建的曲面靠近主线串，即创建的曲面尽可能通过主线串（主线串发挥更多的作用）。
- "交叉线串"：用于设置创建的曲面靠近交叉线串，交叉线串发挥更多的作用。

此外，该选项组中的"构造"下拉列表框用于指定曲面的构建方法，包括"法向""样条点"和"简单"。

5. **"设置"选项组**

"设置"选项组如图 6-34 所示，从中可以设置体类型选项（可供选择的体类型选项有"实体"和"片体"），设置主线串或交叉线串重新构建的方式，以及设置相关公差。

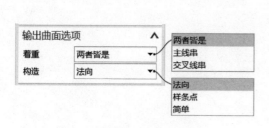

图 6-33 设置输出曲面选项

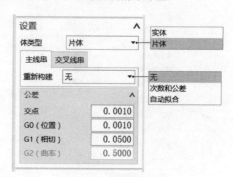

图 6-34 "设置"选项组

6. **"预览"选项组**

该选项组用于设置是否启用预览，并可以设置显示结果。

通过曲线网格创建曲面片体的典型示例如图 6-35 所示。该示例的模型练习文件为"bc_c6_tgqmwg.prt"，下面介绍打开该文档后通过曲线网格创建曲面片体的操作步骤。

❶ 在功能区的"曲面"选项卡的"曲面"组中单击"通过曲线网格"按钮 ，打开"通过曲线网格"对话框。

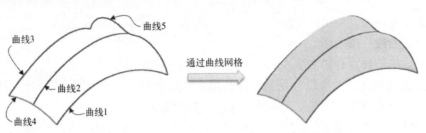

图 6-35　典型示例：通过曲线网格创建曲面片体

② 选择主曲线。先选择曲线 1，单击鼠标中键，接着选择曲线 2，再单击鼠标中键，然后选择曲线 3，注意各条主曲线的原点方向要一致，如图 6-36 所示。

③ 在"交叉曲线"选项组中单击"交叉曲线"按钮 🖬，接着选择曲线 4，单击鼠标中键，然后选择曲线 5（注意：选择曲线 5 之前，在选择条的"曲线规则"下拉列表框中选择"相切曲线"选项），如图 6-37 所示。

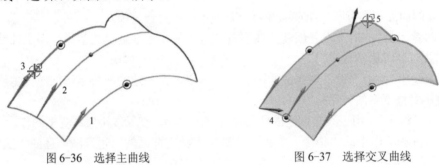

图 6-36　选择主曲线　　　　　　　　　图 6-37　选择交叉曲线

④ 分别在"通过曲线网格"其他选项组中设置相关的参数和选项，如图 6-38 所示。

⑤ 在"通过曲线网格"对话框中单击"确定"按钮，创建的曲面片体如图 6-39 所示（图中隐藏了相关曲线）。

图 6-38　设置其他参数和选项

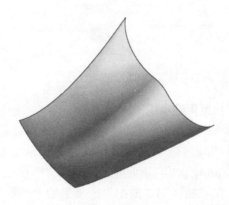

图 6-39　通过曲线网格创建的曲面片体

6.3.4 N 边曲面

使用"N 边曲面"命令可以创建由一组端点相连曲线封闭的曲面，在创建过程中可以进行形状控制等设置。

在功能区的"曲面"选项卡的"曲面"组中单击"更多"|"N 边曲面"按钮，弹出如图 6-40 所示的"N 边曲面"对话框，在"类型"选项组的"类型"下拉列表框中设置 N 边曲面的类型。N 边曲面的类型有以下两种。

图 6-40 "N 边曲面"对话框（"已修剪"）

1．"已修剪"类型

选择"已修剪"类型，则根据选择的曲线或边创建曲面，可覆盖所选曲线或边的闭环内的整个区域，可以根据设计需要设置将曲面修剪到边界。"已修剪"类型的 N 边曲面，需要选择曲线或边定义外环，必要时可选择面与 N 边曲面进行连续性相切或曲率约束，在"UV方向"选项组中通过指定一些参数来控制 N 边曲面的 UV 方位，在"设置"选项组中控制 N 边曲面的边界，以及设置相应的公差。如果为"已修剪"类型的 N 边曲面指定了约束面，那么还可以在"形状控制"选项组中设置中心平缓参数和连续性约束选项来对 N 边曲面的形状进行控制。

2. "三角形"类型

选择"三角形"类型，则"N边曲面"对话框提供的选项组如图6-41所示，接着选择外环的曲线链，进行形状控制等相关设置，即可根据选定的曲线链或边创建曲面，但是曲面是由多个三角形的面组成的，每个补片都包含每条边和公共中心点之间的三角形区域。

"已修剪"类型的N边曲面在N边曲面设计中较为常用。下面介绍创建"已修剪"类型的N边曲面的一个案例，该N边曲面还要求与选定曲面约束。

① 按〈Ctrl+O〉快捷键，弹出"打开"对话框，选择配套的练习文件"bc_c6_nbqm.prt"，单击"OK"按钮。该文件中已有的曲面如图6-42所示。

② 在功能区的"曲面"选项卡的"曲面"组中单击"更多"|"N边曲面"按钮，弹出"N边曲面"对话框。

③ 在"类型"选项组的"类型"下拉列表框中选择"已修剪"类型。在"UV方向"选项组的"UV方向"下拉列表框中选择"区域"选项，在"设置"选项组中选中"修剪到边界"复选框。

④ "外环"选项组中的"曲线"按钮 处于被选中激活的状态，在图形窗口中选择所需曲面的上边缘线作为外环的曲线链，如图6-43所示。选择完上边缘线后，可以预览按默认参数定义的N边曲面。

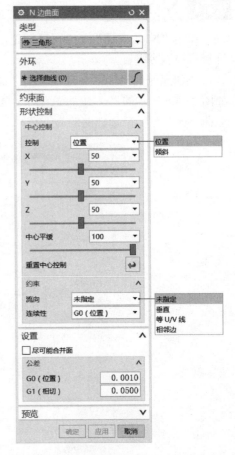

图6-41 "N边曲面"对话框（"三角形"）

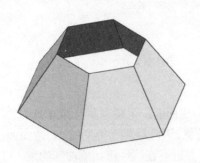

图6-42 已有的曲面

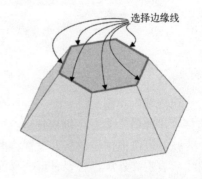

图6-43 指定外环的曲线链

⑤ 展开"约束面"选项组，单击"面"按钮 ，接着以框选方式选择全部6个面。

⑥ 在"形状控制"选项组中，将"中心平缓"值设置为0，从"约束"子选项组的"连续性"下拉列表框中选择"G1（相切）"选项。

⑦ 单击"确定"按钮，完成创建的 N 边曲面如图 6-44 所示。

有兴趣的读者也可以使用该案例的练习文件，从中尝试创建"三角形"类型的 N 边曲面，效果如图 6-45 所示。

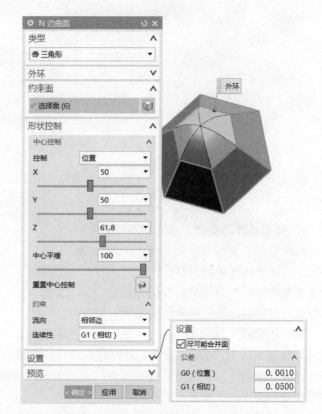

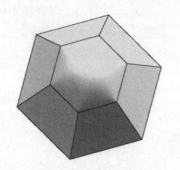

图 6-44　创建"已修剪"类型的 N 边曲面　　　　图 6-45　创建"三角形"类型的 N 边曲面

6.4　曲面的其他创建方法

本节介绍的曲面其他几种创建方法包括"规律延伸""延伸曲面""轮廓线弯边""偏置曲面""可变偏置""偏置面""修剪片体""修剪和延伸""分割面"和"剪断曲面"。

6.4.1　规律延伸

规律延伸是指动态地或基于距离和角度规律，从基本片体创建一个规律控制的延伸曲面。距离（长度）和角度规律既可以是恒定的，也可以是线性的，还可以是其他规律的，如三次、根据方程、根据规律曲线和多重过渡等。

"规律延伸"的应用是比较灵活的。在功能区的"曲面"选项卡的"曲面"组中单击"规律延伸"按钮 ，打开如图 6-46 所示的"规律延伸"对话框。下面简要介绍该对话框中的各选项及参数设置。

图 6-46 "规律延伸"对话框

1. 规律延伸的类型、基本轮廓及参考

规律延伸的类型有"面"和"矢量",而"曲线"(基本轮廓)选项组用于选择基本曲线轮廓。当将规律延伸的类型设定为"面"时,需要在"面"选项组中单击"面"按钮 ▣,接着选择参考面;当将规律延伸的类型设定为"矢量"时,需要在出现的"参考矢量"选项组中使用矢量构造器等工具来定义参考矢量。

展开"脊线"选项组,从"方法"下拉列表框中选择"无""曲线"或"矢量"。初始默认时,脊线方法为"无",表示不进行脊线设置;脊线方法为"曲线"时,选择曲线定义脊线;脊线方法为"矢量"时,使用提供的相应矢量工具指定所需的矢量来定义脊线。脊线轮廓用来控制曲线的大致走向。

在定义基本轮廓、参考对象(参考面或参考矢量)和脊线轮廓时,用户要特别注意其方向设置。

2. 定义长度规律和角度规律

在"长度规律"选项组中选择规律类型,如图 6-47 所示,可供选择的长度规律类型有"恒定""线性""三次""根据方程""根据规律曲线"和"多重过渡"等。根据所选的长度规律类型,设置相应的参数。

在"角度规律"选项组中选择角度规律选项,如图 6-48 所示,可供选择的角度规律类型选项包括"恒定""线性""三次""根据方程""根据规律曲线"和"多重过渡"。根据所选的角度规律类型选项,设置相应的参数。

图 6-47 设置长度规律

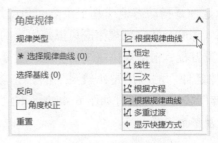

图 6-48 设置角度规律

3．设置延伸侧

在"侧"选项组中，可以从"延伸侧"下拉列表框中选择"单侧""对称"或"非对称"选项，如图 6-49 所示，以定义延伸侧延伸情况。

4．设置其他

在"斜接"选项组、"设置"选项组和"预览"选项组中还可以设置其他的相关选项，如图 6-50 所示。

图 6-49　设置延伸侧类型

图 6-50　设置其他

下面是应用规律延伸的一个典型操作实例（练习文件为"bc_c6_glys.prt"）。

❶ 在功能区的"曲面"选项卡的"曲面"组中单击"规律延伸"按钮，打开"规律延伸"对话框。

❷ 在"类型"选项组的"类型"下拉列表框中选择"面"选项，接着选择如图 6-51 所示的边线作为基本轮廓，注意其方向。

❸ 在"面"选项组中单击"面"按钮，选择如图 6-52 所示的参考面，注意其相应的方向。

图 6-51　指定基本轮廓

图 6-52　选择参考面

❹ 在"长度规律"选项组中，从"规律类型"下拉列表框中选择"线性"选项，输入起点值为 5mm、终点值为 10mm，如图 6-53 所示。

❺ 在"角度规律"选项组中，从"规律类型"下拉列表框中选择"恒定"选项，并设置恒定值为"225"，如图 6-54 所示。在"侧"选项组的"延伸侧"下拉列表框中选择"单侧"选项。

图 6-53　设置长度规律

图 6-54　设置角度规律

6 "斜接"选项组的默认方法选项为"混合"。此时，模型预览效果如图 6-55 所示。在"规律延伸"对话框中单击"确定"按钮，创建的规律延伸曲面如图 6-56 所示。

图 6-55　效果预览

图 6-56　完成规律延伸

6.4.2 延伸曲面

"延伸曲面"工具命令用于从基本片体创建延伸片体。在功能区的"曲面"选项卡的"曲面"组中单击"更多"|"延伸曲面"按钮，弹出"延伸曲面"对话框，在该对话框的"类型"下拉列表框中提供用于延伸曲面的两种类型选项，即"边"和"拐角"。

1. 边

在"类型"下拉列表框中选择"边"选项时，需要选择靠近边的待延伸曲面（系统自动判断要延伸的边），在"延伸"选项组中指定延伸方法及其相应的参数，在"设置"选项组中设置公差值。使用该类型的延伸曲面的典型示例如图 6-57 所示，注意此类型的延伸方法有"相切"和"圆弧"两种。

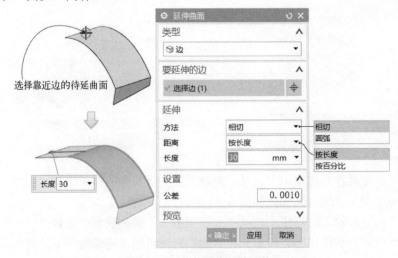

图 6-57　从曲面边开始延伸

2. 拐角

在"类型"下拉列表框中选择"拐角"选项时，需要选择靠近拐角的待延曲面（系统自动判断选择要延伸的拐角），并在"延伸"选项组中设置延伸的相关参数，如图 6-58 所示，然后单击"应用"按钮或"确定"按钮，即可完成创建一个从拐角开始的延伸曲面。

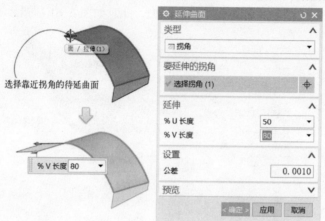

图 6-58 采用"拐角"类型的延伸曲面操作示例

6.4.3 轮廓线弯边

使用系统提供的"轮廓线弯边"命令（该命令对应着"轮廓线弯边"按钮），可以创建具备光顺边细节、最优化外观形状和斜率连续性的一流曲面（A 级曲面）。下面以一个简单范例来介绍"轮廓线弯边"命令的应用。

① 打开"bc_c6_lkxwb.prt"部件文件，该文件中存在着一个旋转曲面。

② 在功能区的"曲面"选项卡的"曲面"组中单击"更多"|"轮廓线弯边"按钮，打开"轮廓线弯边"对话框，如图 6-59 所示。

③ 在"类型"选项组的"类型"下拉列表框中选择"基本尺寸"选项。

④ 选择如图 6-60 所示的边线作为基本曲线。

图 6-59 "轮廓线弯边"对话框

图 6-60 选择基本边线

⑤ 在"基本面"选项组中单击"面"按钮 📷，选择旋转曲面作为基本面。

⑥ 展开"参考方向"选项组，从"方向"下拉列表框中选择"面法向"选项（可供选择的选项有"面法向""矢量""垂直拔模"和"矢量拔模"），注意相关的默认方向。此时，如果系统弹出"管道侧可能错误，尝试反转侧"的警报信息，那么在"参考方向"选项组中单击"反转弯边侧"按钮 📷，上述警报信息消失，此时如图 6-61 所示。

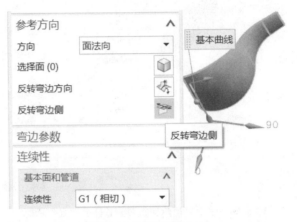

图 6-61　设置参考方向

⑦ 展开"弯边参数"选项组，设置如图 6-62 所示的弯边参数。

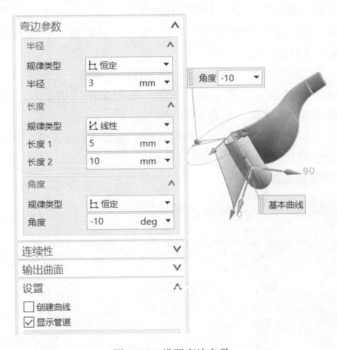

图 6-62　设置弯边参数

⑧ 展开"连续性"选项组，设置如图 6-63 所示的连续性参数。

⑨ 在"输出曲面"选项组和"设置"选项组中设置如图 6-64 所示的参数和选项。

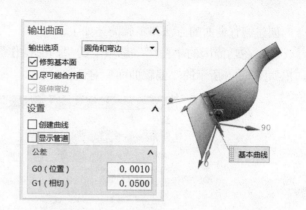

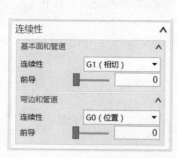

图6-63 设置连续性参数 　　　　图6-64 设置"输出曲面"和"设置"选项

⑩ 在"轮廓线弯边"对话框中单击"确定"按钮，完成结果如图6-65所示。

说明：在设计中还可以在"输出曲面"选项组的"输出选项"下拉列表框中选择"仅管道"选项或"仅弯边"选项（本案例从"输出选项"下拉列表框中选择的是"圆角和弯边"选项）。输出选项不同，则最后得到的效果也不同，图6-66给出了另外两种输出选项的完成效果。

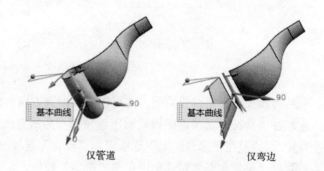

图6-65 完成轮廓线弯边 　　　　图6-66 另两种输出选项的效果

6.4.4 偏置曲面

使用"偏置曲面"命令，可以通过偏置一组面来创建体。偏置曲面的距离既可以是固定的也可以是变化的。偏置曲面的典型示例如图6-67所示。

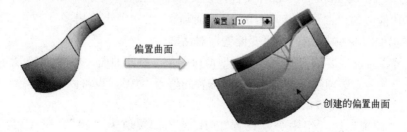

图6-67 创建偏置曲面的典型示例

创建偏置曲面的方法和步骤简述如下。

① 在功能区的"曲面"选项卡的"曲面操作"组中单击"偏置曲面"按钮 ，系统弹出如图 6-68 所示的"偏置曲面"对话框。

图 6-68 "偏置曲面"对话框

② 为新集选择要偏置的面，并可以设置偏置方向和偏置距离。

③ 在"特征"选项组中设置输出选项为"为所有面创建一个特征"或"为每个面创建一个特征"，以及在"部分结果"选项组和"设置"选项组中设置其他选项或参数。

④ 在"偏置曲面"对话框中单击"确定"按钮。

6.4.5 可变偏置

使用"可变偏置"命令，使面偏置一个距离，该距离可能在 4 个点处有所变化。下面通过一个典型范例介绍如何创建可变偏置的曲面。

① 打开"bc_c6_kbpz.prt"部件文件，该文件中存在着一个拉伸曲面。

② 在功能区的"曲面"选项卡的"曲面操作"组中单击"更多"|"可变偏置"按钮 ，系统弹出如图 6-69 所示的"可变偏置"对话框。

③ 系统提示选择要偏置的面。在模型窗口中单击拉伸曲面，如图 6-70 所示。

④ 在"偏置"选项组中设置在 A 处偏置的值为"10"，也可以在图形窗口中显示的输入框中进行设置，如图 6-71 所示。

⑤ 在"偏置"选项组中分别设置在 B 处的偏置值为"20"、在 C 处的偏置值为"30"、在 D 处的偏置值为"40"，如图 6-72 所示。

图 6-69 "可变偏置"对话框

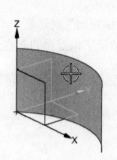

图 6-70 选择要偏置的曲面

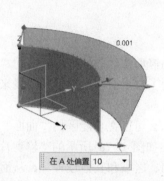

图 6-71 设置 A 点偏置距离

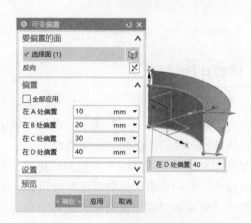

图 6-72 分别设置其他 3 处的偏置值

⑥ 在"设置"选项组中设置如图 6-73 所示的方法选项及距离公差参数。

⑦ 单击"确定"按钮，完成该可变偏置曲面的创建，结果如图 6-74 所示。

图 6-73 在"设置"选项组中进行参数设置

图 6-74 创建可变偏置曲面的结果

6.4.6 偏置面

使用"偏置面"命令，可以使一组面偏离当前位置，其操作方法简述如下。

① 在上边框条中单击"菜单"按钮 菜单(M)▼，接着选择"插入"|"偏置/缩放"|"偏置面"命令，系统弹出如图 6-75 所示的"偏置面"对话框。

② 选择要偏置的面。

③ 在"偏置"选项组的"偏置"文本框中设置偏置距离，如果要反向偏置方向，那么单击"反向"按钮⊠。

④ 在"偏置面"对话框中单击"应用"按钮或"确定"按钮，完成偏置面操作。

图6-76给出了偏置面的典型示例，相当于将所选的曲面偏移了指定的距离。

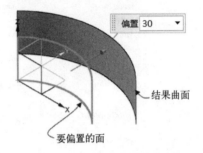

图6-75　"偏置面"对话框　　　　　　　　图6-76　偏置面的典型示例

6.4.7 　修剪片体

使用"修剪片体"命令，可以用曲线、面或基准平面修剪片体的一部分。应用"修剪片体"功能的典型示例如图6-77所示，在该示例中，使用了位于曲面上的一条曲线来修剪曲面片体，该曲线一侧的曲面部分被修剪掉。

如果要用曲线、面或基准平面修剪片体的一部分，那么可以在功能区的"曲面"选项卡的"曲面操作"组中单击"修剪片体"按钮🍃，系统弹出如图6-78所示的"修剪片体"对话框，使用该对话框分别定义目标、边界对象、投影方向、区域和其他设置等，从而获得所需的曲面。下面介绍"修剪片体"对话框各主要组成部分的功能用途。

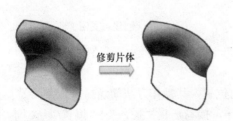

图6-77　修剪片体的典型示例　　　　　　　图6-78　"修剪片体"对话框

1. "目标"选项组

"目标"选项组用于选择要修剪的片体。在该选项组中单击"片体"按钮 ，接着在图形窗口中选择目标曲面。要注意的是，目标曲面的选择单击的位置与"区域"设置有关系。

2. "边界"选项组

"边界"选项组用于选择用来修剪片体的对象。在该选项组中单击"对象"按钮 ，选择边界对象，该边界对象可以是曲面、曲线或基准平面等。用户可以根据设计情况设置允许目标边缘作为工具对象。

3. "投影方向"选项组

在"投影方向"选项组中设定投影方向。当用来修剪片体的边界对象偏离目标，边界对象没有与目标重合、相交时，要设置投影方向，其目的是把边界对象曲线或面的边缘投影到目标片体上。常用的投影方向选项有"垂直于面"、"垂直于曲线平面"和"沿矢量"。

● "垂直于面"：指定投影方向垂直于指定的面，即投影方向为面的法向，此时将边界对象沿着目标面的法线方向投影到目标面上。

● "垂直于曲线平面"：指定投影方向垂直于曲线所在的平面。

● "沿矢量"：指定投影方向沿着指定的矢量方向。选择"沿矢量"选项时，可以使用矢量构造器等来构建合适的矢量。

4. "区域"选项组

"区域"选项组具有"保留"和"放弃"（舍弃）两个单选按钮，主要用于设置要保留或舍弃的片体区域。在该选项组中单击"区域"按钮 时可查看并指定要定义的区域，即指定要保留或舍弃的片体的区域。值得注意的是，UG NX 系统会根据之前在选择要修剪的片体时单击片体的位置来指定要定义的区域。

● "保留"单选按钮：选择该单选按钮，则保留所选定的区域。

● "放弃"（舍弃）单选按钮：选择该单选按钮，则舍弃（修剪掉）所选定的区域。

如图 6-79 所示，选择同样的曲面区域（在选择要修剪的片体时单击边界对象的同一侧区域），而设置不同的区域处理选项，则得到不同的修剪结果。

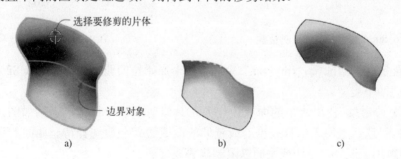

图 6-79 修剪片体的两种结果

a) 指定的区域示意 b) 舍弃所选定的区域 c) 保留所选定的区域

5. "设置"选项组和"预览"选项组

在"设置"选项组中进行修剪片体常用的数据设置。例如，可以选中"保存目标"复选框来使目标曲面保留下来，还可以选中"输出精确的几何体"复选框及设置公差。

在"预览"选项组中单击"显示结果"按钮 ，可以查看将要完成的"修剪片体"操作效果。

6.4.8 修剪和延伸

使用"修剪和延伸"命令，可以按距离或与另一组面的交点修剪或延伸一组面，即可以通过使用面的边缘进行延伸或通过一个曲面修剪一个或多个曲面。曲面延伸后可以和原来的曲面形成一个整体（相当于原来曲面的大小发生了变化，而不是另外生成一个曲面），也可以设置作为新面延伸，并保留原有的面。

在功能区的"曲面"选项卡的"曲面操作"组中，单击"修剪和延伸"按钮 ，弹出如图 6-80 所示的"修剪和延伸"对话框。在"修剪和延伸类型"选项组的"类型"下拉列表框中提供了"直至选定"和"制作拐角"两个类型选项。在"设置"选项组的"曲面延伸形状"下拉列表框中则提供"自然曲率""自然相切"和"镜像"3 个延伸方法，如图 6-81 所示，"自然曲率"用于以自然曲率的方式延伸曲面（即面延伸时曲率连续），"自然相切"用于以自然相切的方式延伸曲面（即曲面延伸时在所选边处相切连续），"镜像"用于使面的延伸尽可能反映或镜像要延伸的面的形状。如果需要，在"设置"选项组中还可以设置体输出方式等，体输出方式分为"延伸原片体""延伸为新面"和"延伸为新片体"。

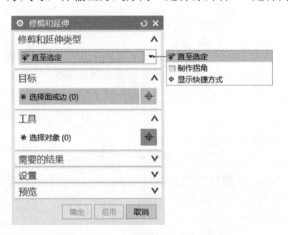

图 6-80 "修剪和延伸"对话框   图 6-81 "设置"选项组

下面以配套范例"bc_c6_xjhys.prt"为例（两个原始拉伸曲面片体见图 6-82），介绍"修剪和延伸"的两个类型。

- "直至选定"：使用选定的面或边作为工具修剪或延伸目标，示例如图 6-83 所示。"目标"选项组用于选择要修剪或延伸的面或边，一般选择待延曲面的边。"工具"选项组用于选择面、边或平面以限制修剪或延伸。

- "制作拐角"：在目标对象和工具对象之间形成拐角，目标对象是指要修剪或延伸的面或边（一般选择所需曲面的边），工具对象是指限制面或边。选择"制作拐角"类型，接着分别指定目标对象和工具对象（注意方向），设置需要的结果等，如图 6-84 所示，从而将曲面目标边延伸到工具对象处形成拐角，UG NX 系统会根据在"需要的结果"选项组中设定的箭头侧选项（"保持"或"删除"）来决定拐角线指定一侧的工具曲面是保持还是删除。

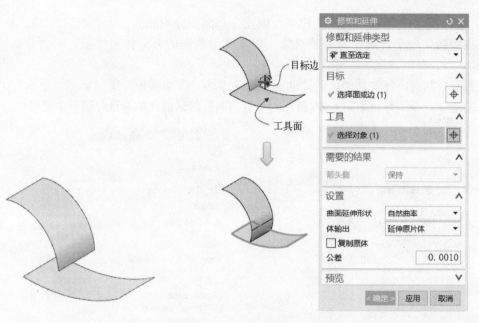

图 6-82 配套范例曲面片体　　　　　图 6-83 将目标曲面边界延伸到指定的对象处

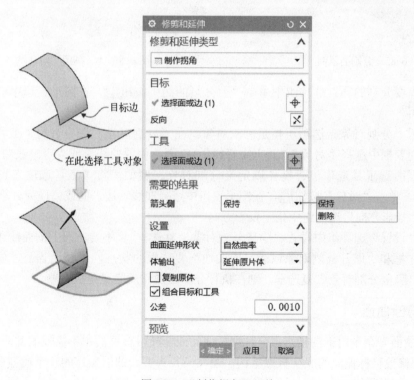

图 6-84 "制作拐角"延伸

6.4.9 分割面

使用"分割面"按钮 ◈，可以用曲线、面或基准平面将一个面分割为多个面。可以使用该功能在部件、图样、模具的模型上创建分割面。分割面的一个典型示例如图 6-85 所示，该例指定一个椭圆作为分割对象，以垂直于曲面的方向作为投影方向去分割选定的曲面。

若要分割面，可在功能区的"曲面"选项卡的"曲面操作"组中单击"更多"|"分割面"按钮 📎，系统弹出如图 6-86 所示的"分割面"对话框，接着进行以下主要操作。

图 6-85　分割面示例　　　　　　　图 6-86　"分割面"对话框

- 在"要分割的面"选项组中单击"要分割的面"按钮 🔲，在图形窗口中选择要分割的面。
- 利用"分割对象"选项组指定分割对象。在"分割对象"选项组的"工具选项"下拉列表框中选择"对象""两点定直线""在面上偏置曲线"或"等参数曲线"，接着根据所选工具选项进行操作以定义分割对象。例如，将"工具选项"设置为"对象"，单击"对象"按钮 📎，在图形窗口中选择曲线、边、面或体作为分割对象。
- 在"投影方向"选项组中指定投影方向。
- 在"设置"选项组中设置"隐藏分割对象"复选框、"不要对面上的曲线进行投影"复选框和"展开分割对象以满足面的边"复选框的状态，以及设置公差值。如果选中"隐藏分割对象"复选框，则在执行分割面操作后隐藏分割对象。

6.4.10　剪断曲面

"剪断曲面"命令用于在指定点分割目标曲面或剪断目标曲面中不需要的部分。"剪断曲面"操作可修改目标曲面的底层极点结构。图 6-87 为剪断曲面操作的一个典型示例，该示例显示沿曲线剪断的曲面，并且展示了输入曲面与剪断曲面特征的极点结构（同一整修控制情况下）。需要用户注意的是，使用"修剪片体"命令修剪片体时不改变片体底层极点结构，"分割面"命令创建两个面且不改变底层极点结构。

在功能区的"曲面"选项卡的"曲面工序"组中单击"剪断曲面"按钮 📎，系统弹出如图 6-88 所示的"剪断曲面"对话框。该对话框主要选项组的功能用途说明如下。

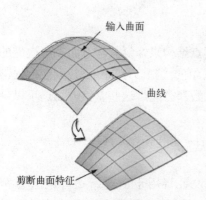

图 6-87　剪断曲面示例　　　　　　　　　　图 6-88　"剪断曲面"对话框

1. "类型"选项组

"类型"选项组用于指定要剪断所选曲面的方法类型，有以下几种。

- "用曲线剪断"：通过选择横越目标面的曲线或边（包括按设定投影方向投影后横跨目标面的曲线，注意理解"横跨"的含义）来定义剪断边界。
- "用曲面剪断"：通过选择与目标面交叉并横越目标面的曲面来定义剪断边界。
- "在平面处剪断"：通过选择与目标面交叉并横越目标面的平面来定义剪断边界。
- "在等参数面处剪断"：通过指定沿 U 或 V 向的总目标面的边百分比定义剪断边界。

2. "目标"选项组

在该选项组中单击"选择面"按钮 ⊕，选择要剪断的有效曲面（即目标面）。

3. "边界"选项组

"边界"选项组用于定义剪断边界。

当选择"用曲线剪断"类型时，"边界"选项组提供"选择剪断曲线"按钮 ⊕，用于选择剪断曲线；当选择"用曲面剪断"类型时，"边界"选项组提供"选择剪断面"按钮 ⊕，用于选择面作为边界对象（即选择剪断面）；当选择"在平面处剪断"类型时，"边界"选项组提供"平面对话框"按钮 🔲 和"平面"下拉列表框 🔲 ，用户可以使用平面对话框或从"平面"下拉列表框 🔲 中选择一种方法以指定平面作为边界对象；当选择"在等参数面处剪断"类型时，"边界"选项组提供如图 6-89 所示的选项，选择

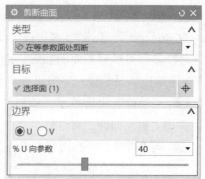

图 6-89　"在等参数面处剪断"的"边界"选项组

U 或 V 向并沿该向剪断所选曲面，即选择"U"单选按钮时，在"%U 向参数"框中输入该向剪断百分比值或拖动滑块，选择"V"单选按钮时，则在出现的"%V 向参数"框中输入该向剪断百分比值或拖动滑块。

4．"投影方向"选项组

选择"用曲线剪断"类型时，"剪断曲面"对话框才提供"投影方向"选项组，该选项组用于指定将边界曲线或边投影到目标面的方向，如设置投影方向为"垂直于面"、"垂直于曲线平面"或"沿矢量"。

5．"整修控制"选项组

"整修控制"选项组用于通过沿剪断线方向调整控制点结构来修复美学方面不可接受的面，注意其他方向的控制点结构可能会发生变化。该选项组的"整修方法"下拉列表框提供"保持参数化""次数和补片数""次数和公差"和"补片数和公差"这些整修方法选项以供用户根据设计要求来选择。

- "保持参数化"：剪断的曲面将具有与原曲面相同的阶次和补片结构。
- "次数和补片数"：指定新曲面的阶次和补片数值。
- "次数和公差"：指定新曲面的阶次值，以及设置将用于创建新边界的公差范围。在整修过程中，阶次按指定的值保持固定。新的曲面分成许多补片以满足指定的公差。
- "补片数和公差"：指定新曲面的补片值，以及设置将用于创建新边界的公差范围。在整修过程中，补片值固定为指定的，而新曲面的阶次则更改以符合指定的公差。

6．"设置"选项组

在"设置"选项组中设置"分割"复选框和"编辑副本"复选框的状态。当选中"分割"复选框时，将保留目标曲面的两个区域，并对每个区域创建一个剪断曲面特征。如果要仅保留剪断曲面的选定部分，则清除"分割"复选框。当选中"编辑副本"复选框时，创建所选目标面的副本，并对副本进行编辑，而不是在原始面上进行编辑。

在某些情况下，在"设置"选项组中单击"切换区域"按钮，可切换选择要保留的曲面区域。此按钮在"分割"复选框被勾选时不可用。

下面介绍一个使用"剪断曲面"命令编辑曲面的简单范例。

① 按〈Ctrl+O〉快捷键，弹出"打开"对话框，选择配套的素材部件文件"bc_c6_jdqm.prt"，单击"OK"按钮。原文件中存在着一个曲面，该曲面中有一条按设定投影方向投影后可横穿曲面的曲线。选择现有的该曲面，在功能区的"分析"选项卡的"显示"组中单击"显示极点"按钮，如图6-90所示。

② 在功能区中切换至"曲面"选项卡，从"曲面操作"组中单击"剪断曲面"按钮，弹出"剪断曲面"对话框。

③ 从"类型"下拉列表框中选择"用曲线剪断"选项，在图形窗口中单击现有曲面，将它选择为要剪断的曲面（作为目标曲面）。此时，"边界"选项组中的"选择剪断曲线"按钮自动被选中，调整好模型视角后选择如图6-91所示的曲线作为剪断曲线。

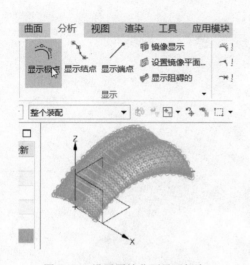

图 6-90 设置原始曲面显示极点

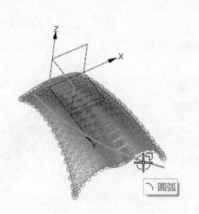

图 6-91 选择剪断曲线

④ 在"投影方向"选项组、"整修控制"选项组和"设置"选项组中分别设置如图 6-92 所示的选项。如果发现默认的要保留的曲面区域不是所需要的，那么可在"设置"选项组中单击"切换区域"按钮🔁，从而切换选择要保留的曲面区域。在本例中，单击"切换区域"按钮🔁，以获得如图 6-93 所示的曲面保留区域。

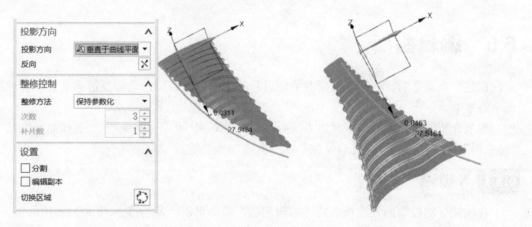

图 6-92 设置相关选项

图 6-93 切换区域

⑤ 在"剪断曲面"对话框中单击"应用"按钮。

⑥ 从"类型"下拉列表框中选择"在等参数面处剪断"选项。

⑦ 选择要继续剪断的现有曲面，并在"边界"选项组中单击选中"V"单选按钮，在"%V 向参数"框中输入"68"；在"整修控制"选项组的"整修方法"下拉列表框中选择"保持参数化"选项，注意保证所需的保留区域，如图 6-94 所示。

⑧ 在"剪断曲面"对话框中单击"确定"按钮，得到如图 6-95 所示的结果（图中已取消了选定曲面的"显示极点"模式）。

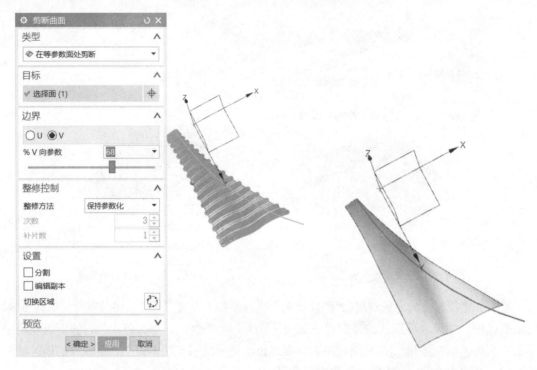

图 6-94　在等参数面处剪断　　　　　图 6-95　两次剪断曲面的结果

6.5　编辑曲面

创建好曲面之后，一般还需要对曲面进行相应的修改编辑，从而获得满足设计要求的曲面造型效果。

本节介绍编辑曲面的一些常用工具命令，如"X型""使曲面变形""变换曲面""扩大""整修面""法向反向""编辑 U/V 向"和"光顺极点"等。

6.5.1　X型

在功能区的"曲面"选项卡的"编辑曲面"组中单击"X型"按钮，弹出如图 6-96 所示的"X型"对话框，利用该对话框可以编辑样条、曲面的极点和点。

在"曲线或曲面"选项组中既可以采用"单选"方式选择要开始编辑的曲线或曲面，也可以使用面查找器选择要编辑的面。这里以选择某个要编辑的曲面为例，接着可以在"参数化"选项组中修改次数和补片数，而对于极点的选择，有 3 种操控方式，即"任意""极点"和"行"，如图 6-97 所示，采用"行"操控方式选择了一行极点以开始对它们进行编辑。在"方法"选项组中，可以设置关闭高级方法或使用一些高级方法，如使用"按比例""锁定区域"或"插入结点"等高级方法，通过相关设置对选定极点进行移动、旋转、比例和平面化操作，从而起到编辑曲面的效果。在"边界约束"选项组中可设置锁定极点，以及设置边界约束的条件（U 最小值、U 最大值、V 最小值和 V 最大值）。在"设置"选项组指定提取方法（"原始""最小有界"或"适合边界"）、提取公差和特征保存方法（"相对"或

"静态");如果要恢复父面,可在"设置"选项组中单击"恢复父面"按钮 。对曲面执行"X 型"操作是比较灵活的,这需要用户多多体会和总结经验。

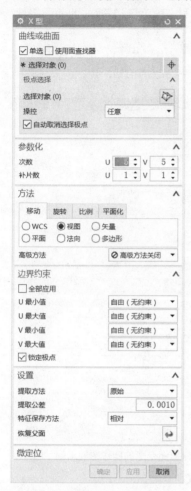

图 6-96 "X 型"对话框

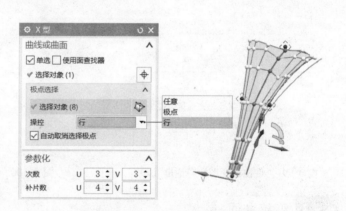

图 6-97 设置参数化参数和选择一行极点

6.5.2 使曲面变形

"使曲面变形"命令操作是指通过拉长、折弯、倾斜、扭转和移位操作动态地修改曲面。

❶ 在功能区的"曲面"选项卡的"编辑曲面"组中单击"更多"|"使曲面变形"按钮 ,系统弹出如图 6-98 所示的"使曲面变形"对话框。

❷ 单击"编辑原片体"单选按钮或单击"编辑副本"单选按钮,接着在图形窗口中选择要编辑的曲面。"编辑原片体"单选按钮用于设置对选定的原片体进行编辑,"编辑副本"单选按钮则用于设置选定片体后产生副本,所做的使曲面变形操作只作用在副本片体上。

图 6-98 "使曲面变形"对话框(1)

③ 系统弹出如图 6-99 所示的"使曲面变形"对话框。在"中心点控件"选项组中单击所需的单选按钮，并通过拖动相应滑块来更改曲面片体形状。如果要切换 H 和 V，则单击"切换 H 和 V"按钮。如果对更改不满意，则单击"重置"按钮，回到更改前的曲面形状。

④ 在"使曲面变形"对话框中单击"确定"按钮。

使曲面变形的操作图解示例如图 6-100 所示，分别为"水平""竖直""V 低""V 高"和"V 中"中心点控制方式设置相关的拉长、折弯、歪斜度、扭转和移位等参数。

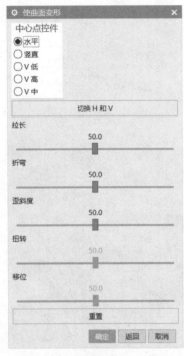

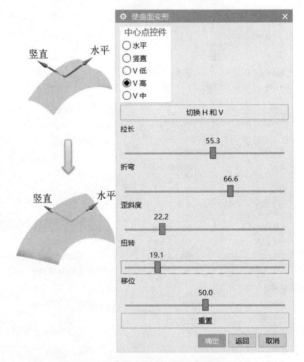

图 6-99 "使曲面变形"对话框（2）　　　　图 6-100 使曲面变形的操作图解示例

6.5.3 变换曲面

"变换曲面"是指动态缩放、旋转或平移曲面。变换曲面的操作步骤和方法如下。

① 在功能区的"曲面"选项卡的"编辑曲面"组中单击"更多" | "变换曲面"按钮 ，系统弹出如图 6-101 所示的"变换曲面"对话框。

② 单击选中"编辑原片体"单选按钮或"编辑副本"单选按钮。

③ 选择要编辑的面。

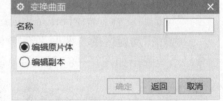

④ 系统弹出如图 6-102 所示的"点"对话框，并提示定义变换基点。利用"点"对话框定义变换基点，完成定义变换基点后在"点"对话框中单击"确定"按钮。

图 6-101 "变换曲面"对话框（1）

⑤ 系统弹出如图 6-103 所示的"变换曲面"对话框。在"选择控件"选项组中单击"缩放"单选按钮、"旋转"单选按钮或"平移"单选按钮，接着分别拖动滑块更改相应的参数值。如果对更改不满意，则单击"重置"按钮，回到更改前的曲面状态。

图 6-102 "点"对话框

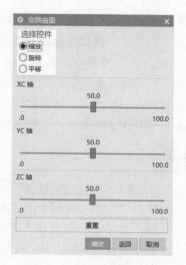

图 6-103 "变换曲面"对话框（2）

⑥ 在"变换曲面"对话框中单击"确定"按钮。

6.5.4 扩大

使用"扩大"按钮，可以更改未修剪的片体或面的大小，即可以通过线性或自然的模式更改曲面的大小，得到的曲面可以比原曲面大，也可以比原曲面小。

对曲面进行扩大操作的方法和步骤如下。

① 在功能区的"曲面"选项卡的"编辑曲面"组中单击"扩大"按钮，系统弹出如图 6-104 所示的"扩大"对话框。

② 选择要扩大的曲面，则被选择的曲面以如图 6-105 所示的形式显示，曲面上显示用于指示扩大方向的 4 个控制柄。

图 6-104 "扩大"对话框

图 6-105 选择要扩大的曲面

③ 在"调整大小参数"选项组中，可以设置 U 向起点、U 向终点、V 向起点和 V 向终点的扩大百分比。如果要重新开始调整大小参数，则可以单击"重置调整大小参数"按钮 ↩。在"设置"选项组中，提供了用于扩大曲面操作的两种模式选项，即"线性"和"自然"：选择"线性"单选按钮时，则按照线性规律扩大曲面；而当选择"自然"单选按钮时，则顺着曲面的自然曲率延伸片体的边，可自由扩大或缩小片体的大小。

④ 设置好大小参数和扩大模式后，单击"应用"按钮或"确定"按钮。

6.5.5 整修面

"整修面"工具命令用于改进面的外观，同时保留原先几何体的公差。

在功能区的"曲面"选项卡的"编辑曲面"组中单击"整修面"按钮 ◈，系统弹出"整修面"对话框，整修面的类型有"整修面"和"拟合到目标"两种，不同的整修面类型需要定义的对象和参数也将有所不同，如图 6-106 所示。选择要整修的面后，接着定义相关的整修控制参数和选项等即可。

图 6-106 "整修面"对话框

a) 整修面的类型为"整修面"时 b) 整修面的类型为"拟合到目标"时

说明: 无法整修已经被修剪的面。在选择要整修的面的时候，如果用户选择的面已经被修剪，那么 UG NX 系统会弹出如图 6-107 所示的"整修面准则"对话框，告诉用户无法整修此曲面的原因。

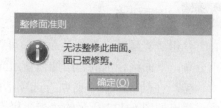

图 6-107 "整修面准则"对话框

6.5.6 法向反向

"法向反向"工具命令用于反转片体的曲面法向，其操作方法和步骤简述如下。

① 在功能区的"曲面"选项卡的"编辑曲面"组中单击"更多"|"法向反向"按钮 ，弹出如图 6-108 所示的"法向反向"对话框。

② 选择要反向的片体，此时图形窗口的片体显示曲面法向，如图 6-109 所示。可单击该对话框中的"显示法向"按钮。

图 6-108 "法向反向"对话框

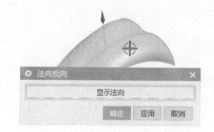

图 6-109 显示曲面法向

③ 单击"应用"按钮或"确定"按钮，确认后即可反向法向。

6.5.7 编辑 U/V 向

若要修改 B 曲面几何体的 U/V 向，可在功能区的"曲面"选项卡的"编辑曲面"组中单击"编辑 U/V 向"按钮 ，弹出如图 6-110 所示的"编辑 U/V 向"对话框。接着选择要编辑的曲面，并在"方向"选项组中设置是否 U 向反向、V 向反向以及交换 U 和 V 向，然后单击"应用"按钮或"确定"按钮。图 6-111 为交换 U 和 V 的典型示例。

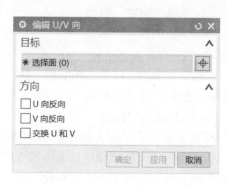

图 6-110 "编辑 U/V 向"对话框

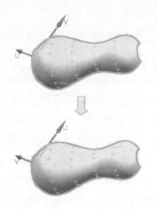

图 6-111 交换 U 和 V 的示例

6.5.8 光顺极点

使用"光顺极点"工具命令，可以通过计算选定极点对于周围曲面的恰当位置，修改极点分布。下面结合示例介绍如何使用光顺极点来修改曲面。

① 在功能区的"曲面"选项卡的"编辑曲面"组中单击"更多"|"光顺极点"按钮，弹出如图 6-112 所示的"光顺极点"对话框。

② 选择一个要使极点光顺的曲面。如果仅是要移动选定的极点，那么需要在"极点"选项组中选中"仅移动选定的"复选框，接着选择要移动的极点，如图 6-113 所示。

图 6-112 "光顺极点"对话框

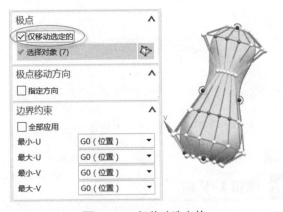

图 6-113 仅移动选定的

③ 在"极点移动方向"选项组中可选中"指定方向"复选框，并定义方向矢量。

④ 在"边界约束"选项组中设置"最小-U""最大-U""最小-V"和"最大-V"的边界约束条件，接着在"光顺因子"选项组中设置光顺因子参数，在"修改百分比"选项组中修改百分比参数。

⑤ 在"光顺极点"对话框中单击"应用"按钮或"确定"按钮。

6.5.9 编辑曲面的其他工具命令

在功能区的"曲面"选项卡的"编辑曲面"组中还提供了以下几种编辑工具。

● "I 型"按钮 ：通过编辑等参数曲线来动态修改面。

● "匹配边"按钮 ：修改曲面，使其与参考对象的共有边界几何连续。

● "边对称"按钮 ：修改曲面，使之与其关于某个平面的镜像图像实现几何连续。

● "整体变形"按钮 ：使用由函数、曲线或曲面定义的规律使曲面区域变形。

● "全局变形"按钮 ：在保留其连续性与拓扑时，在其变形区或补偿位置创建片体。

● "剪断为补片"按钮 ：将 B 曲面分割成自然补片。

- "局部取消修剪和延伸"按钮 ：取消对片体的某一部分修剪或延伸，或删除片体上的内孔。
- "展平和成形"按钮 ：将面展平为平面，并将这些修改重新应用于其他对象。

6.6 曲面加厚

使用"加厚"工具命令，可以通过为一组面增加厚度来创建实体。曲面加厚的典型示例如图 6-114 所示。

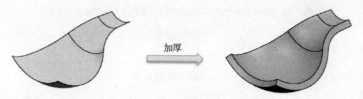

加厚

图 6-114 曲面加厚的典型示例

由曲面加厚创建实体的一般方法及步骤如下。

① 首先创建好所需的曲面（片体），接着在功能区的"曲面"选项卡的"曲面操作"组中单击"加厚"按钮 ，弹出如图 6-115 所示的"加厚"对话框。

② 选择要加厚的面。

③ 在"厚度"选项组中设置"偏置 1"厚度值和"偏置 2"厚度值。可以根据设计要求单击"反向"按钮 来更改加厚方向。

④ 如果需要，展开"区域行为"选项组，单击"区域"按钮 选择边界曲线来定义要冲裁的区域，并可以根据设计要求定义不同厚度的区域。

⑤ 在"布尔"选项组、"Check-Mate"（显示故障数据）选项组和"设置"选项组等进行相应操作，如图 6-116 所示。

图 6-115 "加厚"对话框

图 6-116 "布尔"等设置操作

⑥ 在"加厚"对话框中单击"应用"按钮或"确定"按钮，完成曲面加厚操作。

说明：在创建加厚实体特征的过程中，如果将"偏置1"厚度和"偏置2"厚度设置为相等，则 UG NX 系统会弹出如图 6-117 所示的"警报"信息。注意，偏置值可以为负值。

图 6-117 警报信息

6.7 缝合与取消缝合

本节介绍缝合与取消缝合的实用知识。

6.7.1 缝合

"缝合"命令用于通过将公共边缝合在一起来组合片体，或通过缝合公共面来组合实体；"取消缝合"命令则用于从体取消缝合面。

若要缝合具有公共边的两个曲面片体，则可以按照如下的方法及步骤来进行。

① 在功能区的"曲面"选项卡的"曲面操作"组中单击"缝合"按钮，系统弹出如图 6-118 所示的"缝合"对话框。在"类型"选项组的"类型"下拉列表框中提供了"片体"和"实体"两个选项，其中，"片体"选项用于通过将公共边缝合在一起来组合片体，而"实体"选项用于通过缝合公共面来组合实体。这里选择"片体"选项。

图 6-118 "缝合"对话框

② 选择目标片体。

③ 选择工具片体。

④ 在"设置"选项组中设置是否输出多个片体，以及设置缝合公差。

⑤ 在"缝合"对话框中单击"确定"按钮。

6.7.2 取消缝合

取消缝合的操作很简单，即在功能区的"曲面"选项卡的"曲面工序"组中单击"更多"|"取消缝合"按钮📎，弹出"取消缝合"对话框，接着在"工具"选项组的"工具选项"下拉列表框中指定工具选项并选择相应的对象，然后在"设置"选项组中进行常规设置。工具选项有两个，即"边"和"面"。当从"工具选项"下拉列表框中选择"边"时，选择边以拆分体，并在"设置"选项组中设置是否保持原先的，如图 6-119 所示。当从"工具选项"下拉列表框中选择"面"时，选择要从体取消缝合的面，接着在"设置"选项组中设置是否保持原先的，以及从"输出"下拉列表框中选择"相连面对应一个体"选项或"每个面对应一个体"选项，如图 6-120 所示。最后，单击"应用"按钮或"确定"按钮。

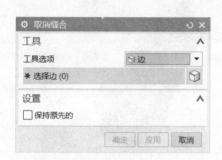

图 6-119　工具选项为"边"时

图 6-120　工具选项为"面"时

6.8　思考练习

1）你了解了哪些曲面的基本概念？

2）依据点创建曲面的方法主要有哪几种？它们分别具有怎样的应用特点？

3）由曲线构造曲面的典型方法主要有哪些？

4）什么是 N 边曲面？如何创建 N 边曲面？可以举例说明 N 边曲面的创建步骤。

5）修剪曲面的方法主要有哪些？各具有怎样的应用特点？

6）如何更改曲面的 U 和 V 向？

7）举例说明曲面加厚的方法步骤。

8）在什么情况下可以使用"缝合"功能？

9）上机练习：设计一个如图 6-121 所示的料斗曲面模型，然后可以将其加厚成实体。要求尺寸由练习者根据模型效果自己确定。

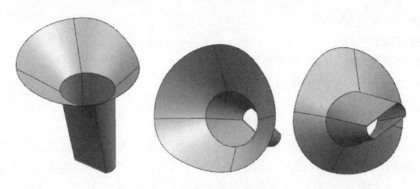

图 6-121　设计料斗曲面模型

10）上机练习：参照本章曲面案例，在 UG NX 11.0 中创建如图 6-122 所示的瓶子造型，具体尺寸可自行确定。

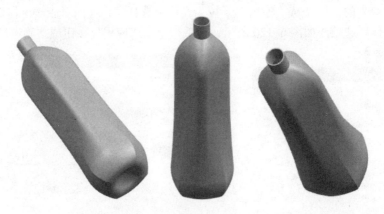

图 6-122　瓶子曲面造型

第7章 装配设计

本章导读

　　通过装配设计可以将设计好的零件组装在一起形成零部件或完整的产品模型，还可以对装配好的模型进行间隙分析、重量管理等操作。装配设计是一个产品造型与结构设计师需要重点掌握的内容。

　　本章将结合典型范例来介绍装配设计，主要内容包括装配设计基础、装配约束、使用装配导航器与约束导航器、组件应用和爆炸视图等，最后还将介绍一个装配综合应用范例。

7.1　装配设计基础

　　一个产品通常由若干个零部件组成，这便涉及装配设计。装配设计从常规意义上来说，就是将零部件按照设计要求在产品各零部件之间建立合理的约束关系，确定相互之间的位置关系和连接关系等。在深入介绍装配设计的应用知识之前，先在本节中介绍装配设计的基础知识，包括如何新建装配文件、初步了解装配方法等。

7.1.1　新建装配文件

　　在 UG NX 11.0 中，可以使用专门的装配模块来进行装配设计。

　　用户可以按照以下的步骤来新建一个装配文件。

　　① 启动运行 UG NX 11.0 后，按〈Ctrl+N〉快捷键，系统弹出"新建"对话框。

　　② 在"模型"选项卡的"模板"选项组中，从"单位"下拉列表框中选择"毫米"，从模型列表中选择名称为"装配"的模板，如图 7-1 所示。

　　③ 在"新文件名"选项组中，指定新文件名和要保存到的文件夹（即指定保存路径）。

　　④ 在"新建"对话框中单击"确定"按钮，从而新建一个装配文件。此时，系统弹出"添加组件"对话框，通过该对话框可以在装配文件中添加将来要装配的零部件。

　　在"装配"应用模块中，用于装配设计的工具按钮基本集中在功能区的"装配"选项卡中。

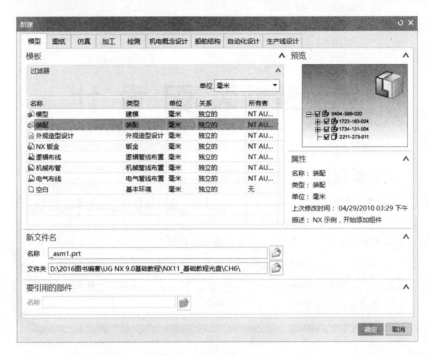

图 7-1 "新建"对话框

7.1.2 装配方法概述

在 UG NX 11.0 中可以采用虚拟装配方式，只需通过指针来引用各零部件模型，使装配部件和零部件之间存在着关联性，这样当更新零部件时，相应的装配文件也会随之自动更新。

典型的装配设计方法思路主要有两种，一种是自底向上装配，另一种则是自顶向下装配。在实际设计中，可以根据情况选用其中一种装配方法，或者两种装配设计方法混合应用。

1. 自底向上装配

自底向上装配方法是指先分别创建最底层的零件（子装配件），然后再把这些单独创建好的零件装配到上一级的装配部件，直到完成整个装配任务为止。通俗一点来理解，就是首先创建好装配体所需的各个零部件，接着将它们以组件的形式添加到装配文件中以形成一个所需的产品装配体。

采用自底向上装配方法时通常包括以下两大设计环节。

● 设计环节一：装配设计之前的零部件设计。

● 设计环节二：零部件装配操作过程。

2. 自顶向下装配

自顶向下装配设计主要体现为从一开始便注重产品结构规划，从顶级层次向下细化设计。这种设计方法特别适合协作能力强的团队采用。自顶向下装配设计的典型应用之一是先新建一个装配文件，在该装配中创建空的新组件，并使其成为工作部件，然后按上下文中设计的设计方法在其中创建所需的几何模型，在创建过程中可以参照装配体中其他部件对象。

在装配文件中创建的新组件可以是空的，也可以包含加入的几何模型。在装配文件中创建新组件的一般方法如下。

① 在功能区的"装配"选项卡的"组件"组中单击"新建"按钮 ，系统弹出"新组件文件"对话框，如图 7-2 所示。

② 指定模型模板，如从模型模板列表中选择名称为"模型"的建模模板，设置名称和文件夹路径（新文件存放路径）后，单击"确定"按钮，系统弹出"新建组件"对话框，如图 7-3 所示。

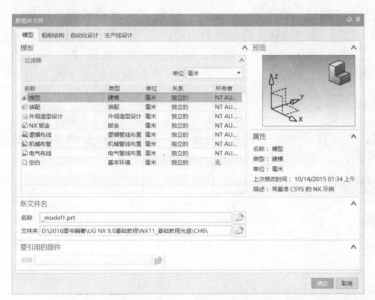

图 7-2 "新组件文件"对话框   图 7-3 "新建组件"对话框

③ 为新组件选择对象，也可以根据实际情况或设计需要不做选择以创建空组件。另外，可以设置是否添加定义对象。

④ 在"设置"选项组的"组件名"文本框中可指定组件名称；从"引用集"下拉列表框中选择其中一个引用集选项；从"图层选项"下拉列表框中指定组件安放的图层（"原始的"、"工作的"或"按指定的"）；在"组件原点"下拉列表框中选择"WCS"选项或"绝对坐标系"选项，以定义采用工作相对坐标还是采用绝对坐标系；"删除原对象"复选框则用于设置是否删除原先的几何模型对象。

？说明：关于引用集的概念

引用集可以在零部件中提取定义的部分几何对象，通过定义的引用集可以将相应的零部件装配到装配体中。引用集可包含的数据有：零部件名称、原点、方向、几何体、坐标系、基准轴、基准平面、图样对象、属性、部件的直系组件等。一个零部件可以有多个引用集，其中"整个部件"引用集（表示整个部件）和"空"引用集（不包含对象）是每个部件的两个默认引用集。

⑤ 在"新建组件"对话框中单击"确定"按钮。

7.2 装配约束

在装配设计过程中，使用装配约束来定义组件之间的定位关系。装配约束用来限制装配组件的自由度。根据装配约束限制自由度的多少，可以将装配组件分为完全约束和欠约束两种典型的装配状态，当然还可以存在过约束的情况。

下面以在装配体中添加已存在的部件为例，介绍常用装配约束类型的应用方法等。

在功能区的"装配"选项卡的"组件"组中单击"添加"按钮 🦾，系统弹出"添加组件"对话框，选择要添加的部件文件，在"放置"选项组的"定位"下拉列表框中选择"根据约束"选项，其他可采用默认设置，单击"应用"按钮，此时系统弹出如图 7-4 所示的"装配约束"对话框。利用"装配约束"对话框，选择约束类型，并根据该约束类型来指定要约束的几何体等，从而通过指定约束关系，相对于装配中的其他组件重定位组件。如果装配中存在着欠约束的已有组件（零部件），那么在功能区的"装配"选项卡的"组件位置"组中单击"装配约束"按钮 📐，亦可打开"装配约束"对话框（这种情况打开的"装配约束"对话框没有提供"预览"选项组），接着进行添加装配约束的操作。

图 7-4 "装配约束"对话框

7.2.1 "接触对齐"约束

"接触对齐"约束是较为常用的约束，主要用来定位相同类型的两个对象，使它们重合、对齐或共中心。

在"装配约束"对话框的"约束类型"选项组的列表框中选择"接触对齐"约束 📐，接着在"要约束的几何体"选项组的"方位"下拉列表框中选择"首选接触""接触""对齐"或"自动判断中心/轴"这些方位选项，如图 7-5 所示。

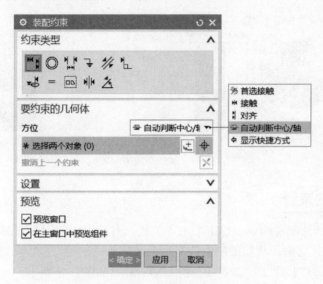

图 7-5 选择"接触对齐"约束类型

- "首选接触"：选择对象时，系统提供的方位方式首选为接触，即所选的两个同类对象优先以"接触"方式配合。有关"接触"约束的介绍同下。
- "接触"：选择该方位方式时，指定的两个相配合对象接触（贴合）在一起。如果要配合的两对象是平面，则两平面贴合且默认法向相反，约束效果如图 7-6a 所示，用户可以单击"撤销上一个约束"按钮 ⊠ 进行法向切换设置；如果要配合的两对象是圆柱面，则两圆柱面以相切形式接触，用户可以根据实际情况设置是外相切还是内相切，此情形的接触约束效果如图 7-6b 所示。

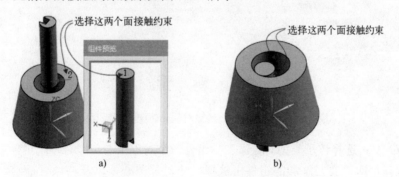

图 7-6 "接触对齐"约束的接触示例

a) 接触约束的情形 1 　b) 接触约束的情形 2

- "对齐"：选择该方位方式时，将对齐选定的两个要配合的对象。对于平面对象，将默认选定的两个平面共面并且法向相同，同样可以进行反向切换设置。对于圆柱面，可使其轴线保持一致。对于边缘和线，将使两者共线对齐。用户可以总结或对比一下"接触"与"对齐"方位约束的异同。

- "自动判断中心/轴"：用于约束两个对象的中心，使其中心对齐。选择该方位方式时，可根据所选参照曲面来自动判断中心/轴，实现中心/轴的接触对齐，如图 7-7 所示。

图 7-7 "接触对齐"的"自动判断中心/轴"方位约束示例

7.2.2 "中心"约束

"中心"约束 ⊪ 是配对约束组件中心对齐，使一对对象中的一个或两个居中，或者使一个对象沿另一个对象居中，从而限制组件在整个装配体中的相对位置。"中心"约束类型 ⊪ 包含多个子类型，即"1 对 2""2 对 1"和"2 对 2"，如图 7-8 所示，这些子类型的功能含义如下。

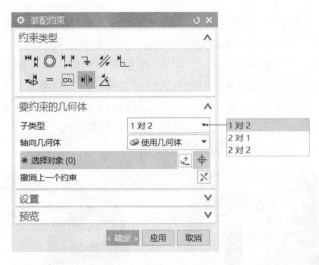

图 7-8 采用"中心"约束时的"装配约束"对话框

- "1 对 2"：选择该子类型时，添加的组件一个对象中心与原有基础组件的两个对象中心对齐，即需要在添加的组件中选择一个对象中心，以及在原有基础组件中选择两个对象中心。
- "2 对 1"：选择此子类型时，添加的组件两个对象中心与原有基础组件的一个对象中心对齐，也就是将相配组件的两个对象的对称中心定位到基础组件的一个对象中心位置。需要在添加的组件上指定两个对象中心，以及在原有基础组件中指定一个对象中心。
- "2 对 2"：选择此子类型时，将相配组件的两个对象中心与原有基础组件的两个对象中心对称布置，即需要在添加的组件和原有基础组件上各选择两个参照定义对象中心。

7.2.3 "胶合"约束

在"装配约束"对话框的"约束类型"列表框中选择"胶合"约束，此时可以为"胶合"约束选择要约束的几何体或拖动几何体。使用"胶合"约束相当于将组件"焊接"在一起，使它们作为刚体移动。

7.2.4 "角度"约束

"角度"约束定义配对约束组件之间的角度尺寸，以约束匹配的组件到正确的方向上。角度约束可以在两个具有方向矢量的对象之间产生，角度是两个方向矢量的夹角，默认逆时针方向为正。"角度"约束的子类型有"3D 角"和"方向角度"。

当设置"角度"约束子类型为"3D 角"时，需要选择两个有效对象（在组件和装配体中各选择一个对象，如实体面），并设置这两个对象之间的角度尺寸，如图 7-9 所示。3D 角不需要选择旋转轴。注意，可以根据设计要求设置角度限制参数。

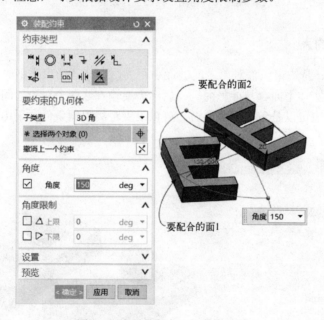

图 7-9 应用"角度"约束的示例

当设置"角度"约束子类型为"方向角度"时，需要选择 3 个对象，其中一个对象为轴或边。

7.2.5 "同心"约束

"同心"约束是指约束两个组件的圆形边界或椭圆边界以使它们的中心重合，并使边界所在的面共面。如图 7-10 所示为采用"同心"约束的示例，选择"同心"约束类型后，分别在添加的组件（要相配的组件）中选择一个端面圆（圆对象）和在装配体原有基础组件中选择一个圆边（圆对象）。

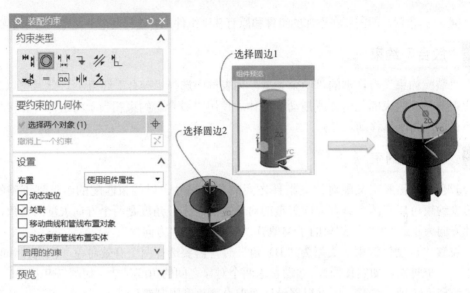

图 7-10 应用"同心"约束的示例

7.2.6 "距离"约束

"距离"约束🔛是约束组件对象之间的最小距离。选择该约束类型时，在选择要约束的两个对象参照（如实体平面、基准平面等）后，需要输入这两个对象之间的最小距离，其中距离可以是正数，也可以是负数。需要时，可以设置距离限制条件。采用"距离"约束的示例如图 7-11 所示。

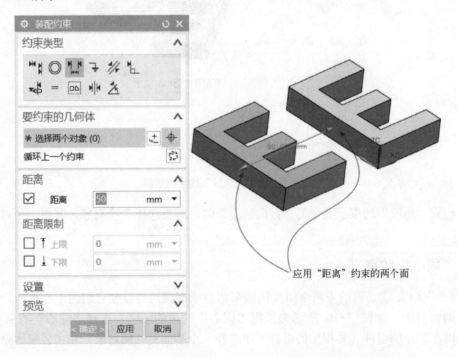

图 7-11 应用"距离"约束的示例

7.2.7 "平行"约束

"平行"约束 用于定义两个对象的方向矢量为相互平行。如图 7-12 所示，该示例中选择两个实体面来定义方向矢量平行。

图 7-12　应用"平行"约束的示例

7.2.8 "垂直"约束

"垂直"约束 用来定义两个对象的方向矢量为相互垂直。该约束类型和"平行"约束类型类似，只是方向矢量不同而已。应用"垂直"约束的示例如图 7-13 所示。

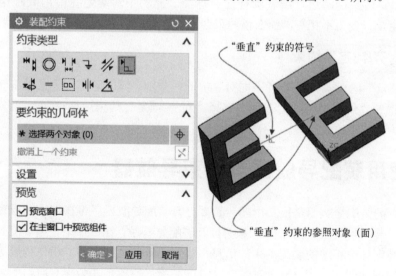

图 7-13　应用"垂直"约束的示例

7.2.9 "固定"约束

"固定"约束 用于将组件在装配体中的当前指定位置固定。在"装配约束"对话框的"约束类型"列表框中选择"固定"约束 时，系统提示为"固定"选择对象或拖动几何体。用户可以使用鼠标将添加的组件按住拖到装配体中合适的位置，然后分别选择对象，在当前位置固定它们，固定的几何体会显示固定符号，如图7-14所示。

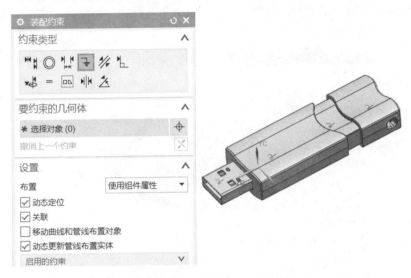

图7-14 应用"固定"约束的示例

7.2.10 "等尺寸配对"约束

"等尺寸配对"约束 = 用于约束具有等半径的两个对象（将半径相等的两个圆柱面拟合在一起），如圆边或椭圆边，或者圆柱面或球面。此约束对确定孔中销或螺栓的位置很有用。如果以后半径变为不相等，那么该约束会无效。

7.2.11 "对齐/锁定"约束

"对齐/锁定"约束 用于对齐不同对象中的两个轴，同时防止绕公共轴旋转。在"装配约束"对话框的"约束类型"列表框中选择"对齐/锁定"约束图标 后，需要选择所需的两个对象作为要约束的几何体。

7.3 使用装配导航器与约束导航器

UG NX 的装配导航器是很实用的。若要打开装配导航器，可在位于图形窗口左侧的资源条中单击"装配导航器"图标 ，从而打开装配导航器。在设计中使用装配导航器，可以直观地查阅装配体中相关的装配约束的信息，快速了解整个装配体的组件构成等信息，还可以管理模型视图截面。图 7-15 为某装配文件的装配导航器，在装配导航器的装配树中，以树节的形式显示了装配体内部使用的装配约束（装配约束子节点位于装配树的"约束"节点之下），还显示了装配体所包含的零部件等。在设计中，用户可以利用装配树对已经存在的装配约束进行一些操作，如重新定义、反向、抑制、隐藏和删除等。例如，在某个装配文件的装配导航器中，展开装配树的"约束"树节点，右击其中要编辑的一个约束，接着从弹出的快捷菜单中可以选择"重新定义""反向""抑制""重命名""隐藏""删除""特定于布置""在布置中编辑"等命令之一进行相应操作。

另外，在位于绘图窗口左侧的资源条中单击"约束导航器"图标，可以打开约束导航器来查看约束信息，如图 7-16 所示。在约束导航器中还可以使用右键快捷菜单对所选约束进行相关操作。

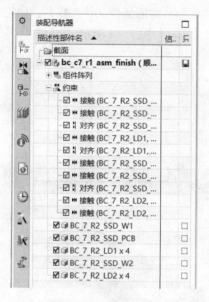

图 7-15　装配导航器

图 7-16　约束导航器

7.4　组件应用

在"装配"应用模块下的组件应用包括这些内容：新建组件、添加组件、镜像装配、阵列组件、移动组件、替换组件、装配约束、新建父对象、显示自由度、显示和隐藏约束、设置工作部件与显示部件等。下面介绍其中常用的组件应用知识。

7.4.1　新建组件

在"装配"应用模块下，在功能区的"装配"选项卡的"组件"组中单击"新建"按钮，可以新建一个组件，该组件可以是空的，也可以加入复制的几何模型。通常在自顶向下装配设计中进行新建组件的操作。新建组件的具体操作方法在 7.1.2 节中已经介绍过，不再赘述。

7.4.2　添加组件

设计好相关的零部件之后，可以在"装配"应用模块下通过"添加组件"方式并定义装配约束等来装配零部件。

添加组件的典型操作方法说明如下。

❶ 在功能区的"装配"选项卡的"组件"组中单击"添加"按钮，系统将弹出如图 7-17 所示的"添加组件"对话框。"添加组件"对话框具有"部件"选项组、"放置"选

项组、"复制"选项组、"设置"选项组和"预览"选项组。

② 使用"部件"选项组来选择部件。"已加载的部件"列表框中显示了先前装配操作加载过的部件，用户可以从"已加载的部件"列表框中选择所需部件（如果有的话），也可以从"最近访问的部件"列表框中选择所需部件，还可以在"部件"选项组中单击"打开"按钮，接着利用弹出的"部件名"对话框浏览并选择所需的部件文件来打开。初始默认情况下，选择的部件将在单独的"组件预览"窗口中显示，如图 7-18 所示。

图 7-17 "添加组件"对话框

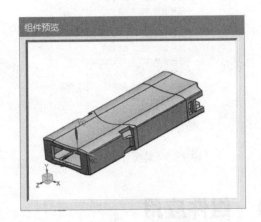

图 7-18 "组件预览"窗口

③ 在"放置"选项组中，从"定位"下拉列表框中选择要添加的组件定位方式选项，如图 7-19 所示。如果在"定位"下拉列表框中选择"根据约束"选项，之后单击"应用"按钮，则系统将弹出"装配约束"对话框，需要用户定义约束条件。

图 7-19 选择定位方式

通常在新建的装配文件中对添加进的第一个组件采用"绝对原点"或"选择原点"方式定位。

如果需要，可以在"复制"选项组中，从"多重添加"下拉列表框中选择"无""添加后重复"或"添加后生成阵列"选项，如图 7-20 所示。

④ 在"设置"选项组中，选择引用集和图层选项，如图 7-21 所示。其中，图层选项有"原始的""工作的"和"按指定的"这 3 个选项："原始的"图层是指添加组件所在的图层；"工作的"图层是指装配的操作层；"按指定的"图层是指使用用户指定的图层。

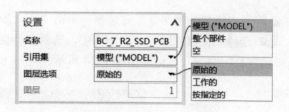

图 7-20 设置多重添加选项　　　　　　图 7-21 "设置"选项组

⑤ 单击"应用"按钮或"确定"按钮,继续操作直到完成装配。

7.4.3 镜像装配

在"装配"应用模块下,可以很方便地创建整个装配或选定组件的镜像版本。在如图 7-22 所示的装配示例中,在装配体中先装配好一个非标准的内六角螺栓,然后采用镜像装配的方法在装配体中装配好另一个规格相同的内六角螺栓。

图 7-22 镜像装配示例

下面以上述镜像装配示例(装配源文件为"bc_c7_jx_asm.prt")为例辅助介绍镜像装配的典型方法及步骤。

① 单击"打开"按钮 📂,系统弹出"打开"对话框,选择"bc_c7_jx_asm.prt"文件,单击"OK"按钮。

② 在功能区的"装配"选项卡的"组件"组中单击"镜像装配"按钮 ⬚,系统弹出如图 7-23 所示的"镜像装配向导"对话框。

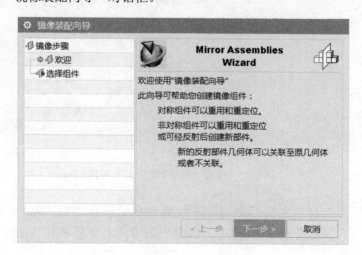

图 7-23 "镜像装配向导"对话框(1)

③ 在"镜像装配向导"对话框中单击"下一步"按钮。

④ 选择要镜像的组件。在本例中，选择已经装配到装配体中的第一个内六角螺栓，此时，"镜像装配向导"对话框如图 7-24 所示。

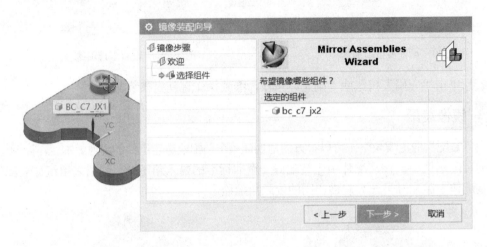

图 7-24　"镜像装配向导"对话框（2）

⑤ 在"镜像装配向导"对话框中单击"下一步"按钮。

⑥ 进入选择镜像平面的环节，此时"镜像装配向导"对话框如图 7-25 所示。由于没有所需的平面作为镜像平面，因此在"镜像装配向导"对话框中单击"创建基准平面"按钮□，系统弹出"基准平面"对话框。

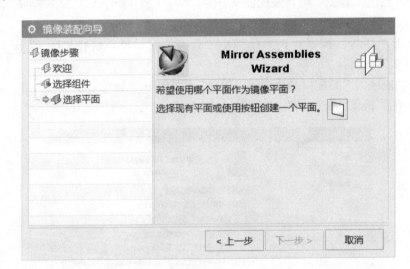

图 7-25　单击"创建基准平面"按钮

在"基准平面"对话框的"类型"下拉列表框中选择"YC-ZC 平面"，单击选中"WCS"单选按钮，接着设置距离为"0"，如图 7-26 所示，然后单击"确定"按钮，从而创建所需的基准平面。

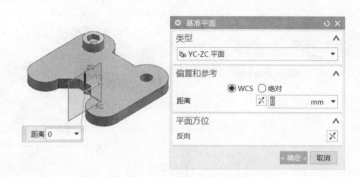

图 7-26 创建基准平面

⑦ 在"镜像装配向导"对话框中单击"下一步"按钮，此时对话框进入"镜像设置"页面环节。首先在如图 7-27a 所示的页面中接受默认的命名规则和目录规则，单击"下一步"按钮，然后在如图 7-27b 所示的页面中继续单击"下一步"按钮。

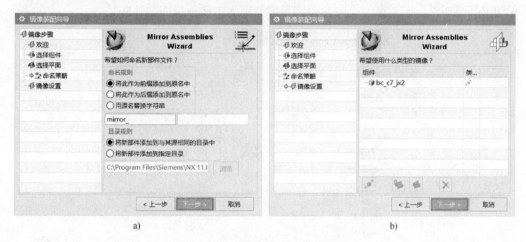

a)   b)

图 7-27 "镜像装配向导"对话框（3）

a) 镜像设置 1   b) 镜像设置 2

⑧ "镜像装配向导"对话框变为如图 7-28 所示，同时 UG NX 系统给出一个镜像装配结果。如果需要，用户可以单击"循环重定位解算方案"按钮 🔄，在几种镜像方案之间切换以获得满足设计要求的镜像装配效果。注意另外几个按钮的功能应用。在本例中直接单击"完成"按钮，获取满足设计要求的镜像组件，最终的装配结果如图 7-29 所示。

图 7-28 "镜像装配向导"对话框（4）

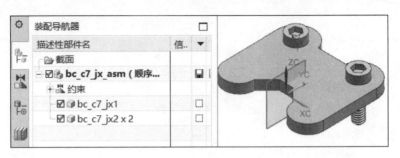

图 7-29　装配镜像结果

7.4.4　阵列组件

阵列组件是指将一个组件复制到指定的阵列中。

在功能区的"装配"选项卡的"组件"组中单击"阵列组件"按钮，弹出如图 7-30 所示的"阵列组件"对话框。下面介绍该对话框中 3 个选项组的功能含义。

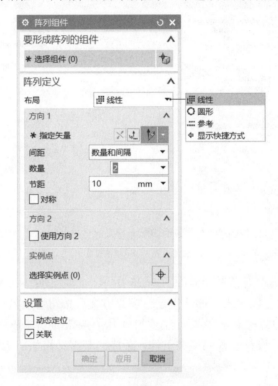

图 7-30　"阵列组件"对话框

- "要形成阵列的组件"选项组：在该选项组中单击"组件"按钮，接着选择要形成阵列的组件。
- "阵列定义"选项组：在该选项组中指定阵列布局类型，并根据所选阵列布局类型进行相应的参数和选项设置。阵列布局类型主要有"线性""圆形"和"参考"。阵列组件的阵列定义和阵列特征的阵列定义是基本相同的，不再赘述。
- "设置"选项组：在该选项组中设置是否启用动态定位。对于某些布局类型的阵列，还可以设置阵列组件是否具有关联性。

下面介绍阵列组件的两个范例。

1．采用"圆形"布局阵列组件

采用"圆形"布局阵列组件的范例如下。

❶ 按〈Ctrl+O〉快捷键，弹出"打开"对话框，选择"bc_c7_zlzj_yx1.prt"配套原始文件，单击"OK"按钮，原始装配体模型如图 7-31 所示。

❷ 在功能区的"装配"选项卡的"组件"组中单击"阵列组件"按钮，弹出"阵列组件"对话框。

❸ 在图形窗口中选择螺栓作为要形成阵列的组件。

❹ 在"阵列定义"选项组的"布局"下拉列表框中选择"圆形"选项，在"旋转轴"子选项组的"指定矢量"下拉列表框中选择"ZC 轴"图标选项，在"指定点"下拉列表框中选择"圆弧中心/椭圆中心/球心"图标选项并确保处于指定点状态，在图形窗口中单击基础模型中底面端面圆边线以取其中心点作为轴点；在"角度方向"子选项组的"间距"下拉列表框中选择"数量和跨距"选项，并设置数量为"4"、跨角为"360"；在"辐射"子选项组中取消选中"创建同心成员"复选框，如图 7-32 所示。

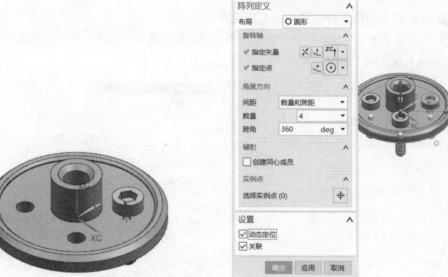

图 7-31 原始装配体模型　　　　　　　　　　图 7-32 圆形阵列定义

❺ 在"设置"选项组中选中"动态定位"复选框和"关联"复选框。

❻ 单击"确定"按钮，阵列组件的结果如图 7-33 所示。

❓ 说明：由于在基础模型中的 4 个孔是由圆形阵列来完成的，而螺栓需要安装在这 4 个孔处，因此本例也可以采用"参考"布局来阵列组件获得同样的装配效果，如图 7-34 所示。

图7-33 阵列组件的结果（圆形阵列）　　　　图7-34 采用"参考"布局阵列组件

2. 采用"线性"布局阵列组件

采用"线性"布局阵列组件的范例如下。

① 按〈Ctrl+O〉快捷键，弹出"打开"对话框，选择"bc_c7_zlzj_xx1.prt"配套原始文件，单击"OK"按钮，原始装配体模型如图7-35所示。

② 在功能区的"装配"选项卡的"组件"组中单击"阵列组件"按钮，弹出"阵列组件"对话框。

③ 在图形窗口中选择螺栓作为要形成阵列的组件。

④ 在"阵列定义"选项组的"布局"下拉列表框中选择"线性"选项，并进行如图 7-36 所示的方向1和方向2参数设置。

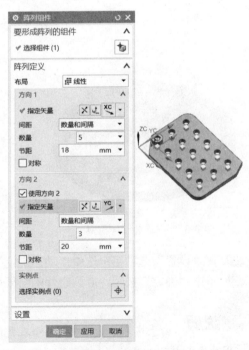

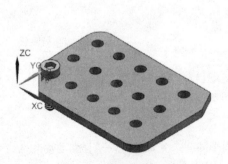

图7-35 原始装配体模型　　　　　　图7-36 线性阵列定义

⑤ 在"设置"选项组中取消选中"动态定位"复选框和"关联"复选框。

⑥ 单击"确定"按钮,阵列组件的结果如图7-37所示。

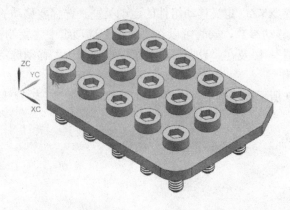

图7-37 采用"线性"布局完成的阵列组件结果

7.4.5 移动组件

可以根据设计要求来移动装配中的组件,在进行移动组件操作时要注意组件之间的约束关系。

若要移动组件,可在功能区的"装配"选项卡的"组件位置"组中单击"移动组件"按钮 ,系统弹出如图7-38所示的"移动组件"对话框。

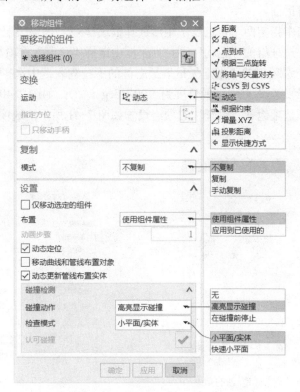

图7-38 "移动组件"对话框

选择要移动的组件，接着在"变换"选项组的"运动"下拉列表框中选择"动态""距离""角度""点到点""根据三点旋转""将轴与矢量对齐""CSYS 到 CSYS""根据约束""投影距离"或"增量 XYZ"定义移动组件的运动类型。选择要移动的组件后，根据所选运动类型来进一步定义移动参数，同时可以在"复制"选项组中将复制模式设置为"不复制""复制"或"手动复制"，以及在"设置"选项组中设置是否仅移动选定的组件、是否动态定位、如何处理碰撞动作等。

例如，在图 7-39 所示的示例中，将整个 U 盘装配体绕 ZC 轴旋转 90°，其操作方法及步骤如下。

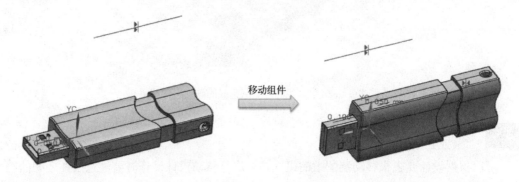

图 7-39　移动组件示例

❶ 在功能区的"装配"选项卡的"组件位置"组中单击"移动组件"按钮，系统弹出"移动组件"对话框。

❷ 在图形窗口中指定两个角点以用矩形选择框选择整个 U 盘装配体。

❸ 在"变换"选项组的"运动"下拉列表框中选择"角度"选项。

❹ 在"变换"选项组的"指定矢量"最右侧的下拉列表框中选择"ZC 轴"的图标选项，接着在"角度"文本框中设置角度为"90"deg（°），如图 7-40 所示。

❺ 在"复制"选项组和"设置"选项组设置如图 7-41 所示的选项和参数。

图 7-40　定义旋转轴和绕轴的角度

图 7-41　相关设置

⑥ 单击"确定"按钮，完成移动组件的操作。

7.4.6 替换组件

在装配设计中，允许选取指定的组件将其替换为新的组件，即可以将装配体中的一个组件替换为另一个组件。

若要执行替换组件的操作，可在上边框条中单击"菜单"按钮 菜单(M)▾，选择"装配"|"组件"|"替换组件"命令，弹出"替换组件"对话框，如图 7-42 所示。也可以在功能区的"装配"选项卡中单击"更多"|"替换组件"按钮 来打开"替换组件"对话框。

在"替换组件"对话框的"要替换的组件"选项组中单击"选择组件"按钮 ，选择要替换的组件。

在"替换件"选项组中单击"选择部件"按钮 以开始选择替换件。可以单击该选项组中的"浏览"按钮 ，并通过弹出的"部件名"对话框浏览并选择所需的部件作为替换件；还可以在"已加载的部件"或"未加载的部件"列表框中选择部件名称。

图 7-42 "替换组件"对话框

指定替换件后，在"设置"选项组中设置"保持关系"复选框和"替换装配中的所有事例"复选框的状态，以及设置组件属性（包括名称选项、引用集和图层选项）。"保持关系"复选框和"替换装配中的所有事例"复选框的功能含义如下。

- "保持关系"复选框：如果选中此复选框，则在替换组件时保持装配关系。它是先在装配中移去组件，并在原来位置加入一个新组件，UG NX 系统将保留原来组件的装配关系，并沿用到替换的组件上，使替换的组件与其他组件构成关联关系。
- "替换装配中的所有事例"复选框：如果选中此复选框，则当前装配体模型中所有重复使用的装配组件都将被替换。

7.4.7 组件的抑制、抑制状态编辑与取消抑制

在 UG NX 11.0 中，可以抑制组件、编辑抑制状态，也可以取消抑制组件。

1. 抑制组件

抑制组件是指从显示中移除组件及其子组件，但不同于删除组件。如果要把装配件的某些组件视为不存在，但尚未准备从 UG NX 数据库中删除这些组件，则抑制组件非常有用，以后还可以取消抑制组件。

在功能区的"装配"选项卡中单击"更多"|"抑制组件"按钮 ，弹出如图 7-43 所示的"类选择"对话框，利用该对话框选择要抑制的组件，单击"确定"按钮，则在图形窗口中抑制了所选组件。组件被抑制后不再在图形窗口中显示，也不会在装配工程图和爆炸视图中显示。被抑制的组件在装配导航器中以如图 7-44 所示的形式标识。

图 7-43 "类选择"对话框

图 7-44 被抑制的组件在装配导航器中标识

2．编辑抑制状态

可以定义装配布置中组件的抑制状态，其方法是在功能区的"装配"选项卡中单击"更多"|"编辑抑制状态"按钮 ，弹出"类选择"对话框，选择要编辑其抑制状态的组件（可在装配导航器中选择，可以是一个组件，也可以是多个组件），单击"确定"按钮，系统弹出如图 7-45 所示的"抑制"对话框，从中选择"始终抑制"单选按钮、"从不抑制"单选按钮或"由表达式控制"单选按钮来重设所选组件的抑制状态，然后单击"应用"按钮或"确定"按钮。

3．取消抑制组件

取消抑制组件是指显示先前抑制的组件。在功能区的"装配"选项卡中单击"更多"|"取消抑制组件"按钮 ，弹出如图 7-46 所示的"选择抑制的组件"对话框，在该对话框的列表中选择抑制的组件，然后单击"确定"按钮，从而将所选组件的抑制状态取消，即完成取消抑制组件。

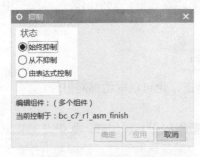

图 7-45 "抑制"对话框

图 7-46 "选择抑制的组件"对话框

7.5 爆炸视图

爆炸视图（简称"爆炸图"）是指将零部件或子装配部件从完成装配的装配体中拆开并形成特定状态和位置的视图。图 7-47a 为装配视图，图 7-47b 为爆炸图。爆炸图通常用来表达装配部件内部各组件之间的相互关系，指示安装工艺及产品结构等。好的爆炸图有助于设计人员或操作人员清楚地查看装配部件内各组件的装配关系。

a)   b)

图 7-47 装配视图与爆炸图

a) 装配视图 b) 爆炸图

爆炸图的操作工具命令基本上位于功能区的"装配"选项卡的"爆炸图"组（需要单击"爆炸图"按钮 来打开"爆炸图"组工具列表）中，它们的功能含义见表 7-1。

表 7-1 "爆炸图"组中各主要按钮选项的功能含义

按钮	按钮名称	功能含义
	新建爆炸	在工作视图中新建爆炸图，可以在其中重定义组件以生成爆炸图
	编辑爆炸	重编辑定位当前爆炸图中选定的组件
	自动爆炸组件	基于组件的装配约束重定位当前爆炸图中的组件
	取消爆炸组件	将组件恢复到原先的未爆炸位置
	删除爆炸	删除未显示在任何视图中的装配爆炸图
	隐藏视图中的组件	隐藏视图中选定的组件
	显示视图中的组件	显示视图中选定的隐藏组件
	追踪线	在爆炸图中创建组件的追踪线以指示组件的装配位置

7.5.1 新建爆炸图

可以在工作视图中新建爆炸图，其操作方法和步骤如下。

❶ 在功能区的"装配"选项卡中单击"爆炸图"按钮 |"新建爆炸"按钮 ，系统弹出如图 7-48 所示的"新建爆炸"对话框。

❷ 在"新建爆炸"对话框中的"名称"文本框中输入新的名称，或者接受默认名称。UG NX 系统默认的名称是以"Explosion #"的形式表示的，#为从 1 开始的序号。

❸ 在"新建爆炸"对话框中单击"确定"按钮。

图 7-48 "新建爆炸"对话框

7.5.2 编辑爆炸图

创建爆炸图后，可以对爆炸图进行编辑。编辑爆炸图是指重新编辑定位当前爆炸图中选定的组件。对爆炸图中的组件位置进行编辑的操作方法如下。

① 在功能区的"装配"选项卡中单击"爆炸图"按钮 📷|"编辑爆炸"按钮 🐝，弹出如图 7-49 所示的"编辑爆炸"对话框。

② 使用"编辑爆炸"对话框提供的以下 3 个实用的单选按钮来编辑爆炸图。

- "选择对象"单选按钮：选择该单选按钮，在装配体中选择要编辑其爆炸位置的组件对象。
- "移动对象"单选按钮：选择要编辑的组件对象后，选择该单选按钮，使用鼠标拖动移动手柄可以对选定对象进行移动操作。可以设置向 X

图 7-49 "编辑爆炸"对话框

轴、Y 轴或 Z 轴方向移动，并可以按照指定方向下的设定精确距离值来移动对象。

- "只移动手柄"单选按钮：选择该单选按钮，使用鼠标拖动移动手柄，组件不移动。

③ 编辑爆炸图满意后，在"编辑爆炸"对话框中单击"应用"按钮或"确定"按钮。

7.5.3 自动爆炸组件

自动爆炸组件是基于组件的装配约束重定位当前爆炸图中的组件。执行"自动爆炸组件"操作的方法、步骤如下。

① 在功能区的"装配"选项卡中单击"爆炸图"按钮 📷|"自动爆炸组件"按钮 📷，系统弹出"类选择"对话框，如图 7-50 所示。

② 选择组件并单击"确定"按钮确认后，弹出"自动爆炸组件"对话框。

③ 在"自动爆炸组件"对话框的"距离"文本框中输入组件的自动爆炸距离值，如图 7-51 所示，然后单击"确定"按钮，完成创建自动爆炸组件。

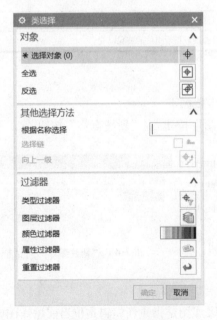

图 7-50 "类选择"对话框

图 7-51 "自动爆炸组件"对话框

用户也可以先选择要自动爆炸的组件，接着在功能区的"装配"选项卡中单击"爆炸图"按钮 🞂｜"自动爆炸组件"按钮 🞂，打开"自动爆炸组件"对话框，从中设置距离值，单击"确定"按钮，从而完成自动爆炸组件操作。

自动爆炸组件的示例如图7-52所示，将盖状部件自动偏离4个螺栓一定的距离。

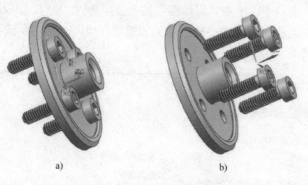

a)   b)

图7-52 自动爆炸组件的示例

a) 自动爆炸组件之前 b) 自动爆炸组件之后

7.5.4 取消爆炸组件

取消爆炸组件是指将组件恢复到先前的未爆炸位置。要取消爆炸组件，可以先选择要取消爆炸状态的组件，接着在功能区的"装配"选项卡中单击"爆炸图"按钮 🞂｜"取消爆炸组件"按钮 🞂，即可将所选组件恢复到先前的未爆炸位置（即原来的装配位置）。

7.5.5 删除爆炸图

可以按照以下的方法和步骤删除未显示在任何视图中的装配爆炸图。

❶ 在功能区的"装配"选项卡中单击"爆炸图"按钮 🞂｜"删除爆炸"按钮 🞂，系统弹出如图7-53所示的"爆炸图"对话框。

❷ 在该对话框的爆炸图列表中选择要删除的爆炸图名称，单击"确定"按钮。

⁇ 说明：如果所选的爆炸图处于显示状态，则不能执行删除操作，系统会弹出如图7-54所示的"删除爆炸"对话框，提示在视图中显示的爆炸无法删除，以及给出处理意见。

图7-53 "爆炸图"对话框

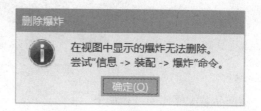

图7-54 "删除爆炸"对话框

7.5.6 切换爆炸图

在一个装配体中可以建立多个爆炸图,每个爆炸图具有各自的名称。

当一个装配体具有多个爆炸图时,便会涉及如何切换爆炸图。切换爆炸图的快捷方法是在功能区的"装配"选项卡中单击"爆炸图"按钮 ,接着从"工作视图爆炸"下拉列表框中选择所需的爆炸图名称,如图 7-55 所示。如果选择"(无爆炸)"选项,则返回到无爆炸的装配位置。

图 7-55　切换爆炸图

7.6　产品装配实战范例

本实战综合范例侧重的知识点除了装配约束之外,还包括阵列组件等。本实战范例要完成的产品整体效果如图 7-56 所示,该产品为固态硬盘盒产品。

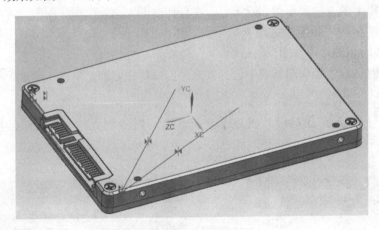

图 7-56　完成的整体效果

该产品装配操作的过程如下。

1. 新建一个装配文件

① 启用 UG NX 11.0 后,按〈Ctrl+N〉快捷键,打开"新建"对话框。

② 在"模型"选项卡的"模板"列表框中选择名称为"装配"的公制模板。

③ 指定新文件名为"bc_c7_r1_asm",接着指定要保存到的文件夹(即指定保存路径)。

④ 单击"确定"按钮。

2. 装配铝制外壳 A

① 在弹出的"添加组件"对话框中单击"打开"按钮 📷,系统弹出"部件名"对话框。选择本书配套的"BC_7_R2_SSD_W1"部件文件(位于"zonghefanli"文件夹内),单击"OK"按钮。

② 在"添加组件"对话框的"放置"选项组中,从"定位"下拉列表框中选择"绝对原点"选项;在"复制"选项组的"多重添加"下拉列表框中选择"无"选项;展开"设置"选项组,从"引用集"下拉列表框中选择"模型("MODEL")"选项,从"图层选项"下拉列表框中选择"原始的"选项,如图 7-57 所示。

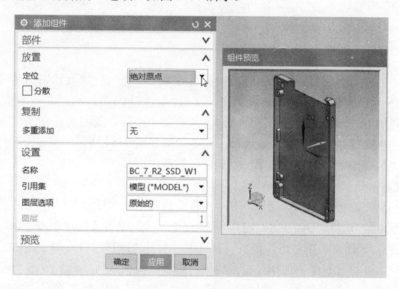

图 7-57　添加组件

③ 在"添加组件"对话框中单击"确定"按钮。

3. 将电路板装入铝制外壳 A 中

① 在功能区的"装配"选项卡的"组件"组中单击"添加"按钮 📷,系统弹出"添加组件"对话框。

② 在"部件"选项组中单击"打开"按钮 📷,系统弹出"部件名"对话框。选择"BC_7_R2_SSD_PCB"部件文件,单击"OK"按钮。

③ 该部件(电路板)显示在"组件预览"窗口中,在"添加组件"对话框中展开"放置"选项组,从"定位"下拉列表框中选择"根据约束"选项,其他选项采用默认设置。在"添加组件"对话框中单击"应用"按钮,系统弹出"装配约束"对话框。

④ 从"约束类型"列表框中选择"接触对齐"选项 📷,从"要约束的几何体"选项组的"方位"下拉列表框中选择"首选接触"选项,接着在电路板部件中选择要接触的一个面,并在外壳 A 中选择相接触的配对面,如图 7-58 所示(在这里,只勾选"预览窗口"复选框,而取消选中"在主窗口中预览组件"复选框),然后单击"应用"按钮。

图 7-58　定义接触对齐

⑤ 在"约束类型"列表框中选择"接触对齐"选项 ⚑，在"要约束的几何体"选项组的"方位"下拉列表框中选择"自动判断中心/轴"选项，先自动判断一对要对齐的中心轴，使用同样的方法再自动判断另一对要对齐约束的中心轴，此时可以在"预览"选项组中增加勾选"在主窗口中预览组件"复选框，预览效果如图 7-59 所示。

⑥ 在"装配约束"对话框中单击"确定"按钮。

4. 装配第 1 个螺钉用于拧紧电路板

① 返回到"添加组件"对话框，在"部件"选项组中单击"打开"按钮 🖼，系统弹出"部件名"对话框。选择"BC_7_R2_LD1"（螺钉 1 零件）部件文件，单击"OK"按钮。

② 螺钉 1 零件显示在"组件预览"窗口中，展开"添加组件"对话框的"放置"选项组，从"定位"下拉列表框中选择"根据约束"选项，其他默认，然后单击"确定"按钮。

③ 系统弹出"装配约束"对话框，在"约束类型"列表框中选择"接触对齐"选项 ⚑，在"要约束的几何体"选项组的"方位"下拉列表框中选择"接触"选项，接着选择要接触约束的两个面（先选择面 1，再选择面 2），如图 7-60 所示，单击"应用"按钮。

图 7-59　预览效果

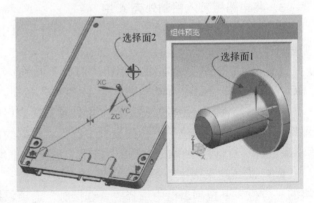

图 7-60　选择要接触的两个面

④ 在"约束类型"列表框中选择"接触对齐"选项 ⚑，在"要约束的几何体"选项组

的"方位"下拉列表框中选择"自动判断中心/轴"选项，接着分别在螺钉和装配体中选择要配合的一对对象（指定自动判断的两个中心轴），如图 7-61 所示。

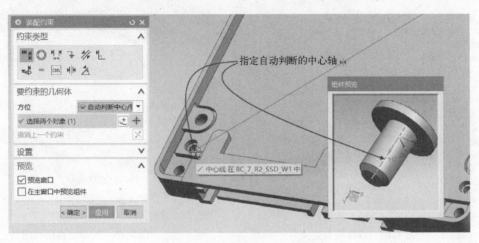

图 7-61　自动判断中心/轴

⑤　在"装配约束"对话框中单击"确定"按钮，完成装配该螺钉 1 后的装配体如图 7-62 所示。

5．阵列组件以完成装配全部的螺钉 1 零件

❶　选择螺钉 1 零件，在功能区的"装配"选项卡的"组件"组中单击"阵列组件"按钮，弹出"阵列组件"对话框。

❷　在"阵列定义"选项组的"布局"下拉列表框中选择"线性"选项，如图 7-63 所示。

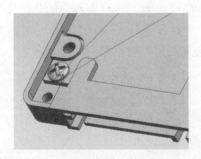

图 7-62　装配好一个用于拧紧电路板的螺钉

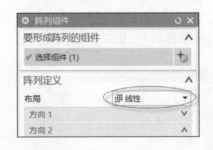

图 7-63　选择"线性"布局

❸　在"阵列定义"选项组的"方向 1"子选项组中，从"指定矢量"下拉列表框中选择"自动判断的矢量"图标选项 ，在模型中选择边 1 定义方向 1，并设置方向 1 的间距方式为"数量和间隔"、数量为"2"、节距值为"60.8"；在"方向 2"子选项组中选中"使用方向 2"复选框，从该子选项组的"指定矢量"下拉列表框中选择"自动判断的矢量"图标选项 ，在模型中选择边 2 定义方向 2，方向 2 的间距方式也为"数量和间隔"，并设置数量为"2"、节距值为"-74.8"，如图 7-64 所示。

❹　在"设置"选项组中选中"动态定位"复选框和"关联"复选框。

❺　单击"确定"按钮，结果如图 7-65 所示。

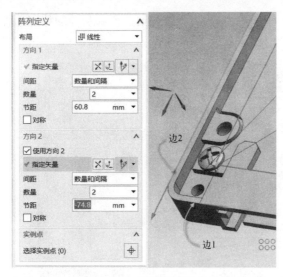

图 7-64 线性阵列定义   图 7-65 完成线性阵列组件

6. 装配铝制外壳 B

❶ 在功能区的"装配"选项卡的"组件"组中单击"添加"按钮📇，系统弹出"添加组件"对话框。

❷ 在"部件"选项组中单击"打开"按钮📂，系统弹出"部件名"对话框。选择"BC_7_R2_SSD_W2"（铝制外壳 B）部件文件，单击"OK"按钮。

❸ 铝制外壳 B 零件显示在"组件预览"窗口中，展开"添加组件"对话框的"放置"选项组，从"定位"下拉列表框中选择"根据约束"选项，其他采用默认设置，单击"应用"按钮，系统弹出"装配约束"对话框。

❹ 在"约束类型"列表框中选择"接触对齐"选项📭，在"要约束的几何体"选项组的"方位"下拉列表框中选择"接触"选项，在"组件预览"窗口中选择外壳 B 中的面 1，在装配体中选择面 2，如图 7-66 所示，然后在"装配约束"对话框中单击"应用"按钮。

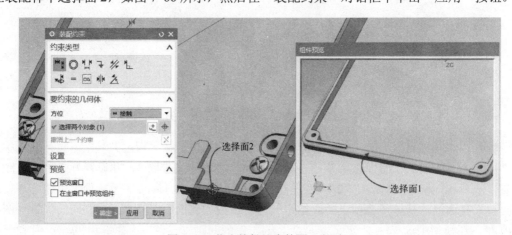

图 7-66 指定接触约束的面 1 和面 2

❺ 在"约束类型"列表框中选择"接触对齐"选项📭，在"要约束的几何体"选项组的"方位"下拉列表框中选择"自动判断中心/轴"选项，先自动判断一对要对齐的中心轴

（外壳 B 和外壳 A 中要配合的其中一对安装孔的轴线），使用同样的方法再自动判断另一对要对齐约束的中心轴（外壳 B 和外壳 A 中要配合的第 2 对安装孔的轴线）。

⑥ 在"装配约束"对话框中单击"确定"按钮，效果如图 7-67 所示。

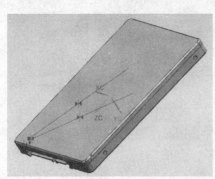

图 7-67 将外壳 B 装入装配体中的效果

7. 装配小螺栓

① 返回到"添加组件"对话框。在"部件"选项组中单击"打开"按钮，系统弹出"部件名"对话框。选择"BC_7_R2_LD2"（小螺栓零件）部件文件，单击"OK"按钮。

② 小螺栓零件显示在"组件预览"窗口中，展开"添加组件"对话框的"放置"选项组，从"定位"下拉列表框中选择"根据约束"选项，其他默认，然后在"添加组件"对话框中单击"确定"按钮，系统弹出"装配约束"对话框。

③ 在"装配约束"对话框的"约束类型"列表框中选择"距离"选项，接着选择要约束的两个面，如图 7-68 所示（先选择面 1，再选择面 2），单击"应用"按钮。

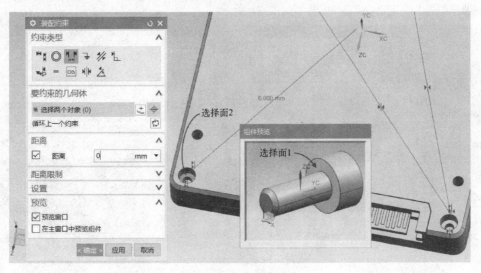

图 7-68 定义距离约束

④ 在"约束类型"列表框中选择"接触对齐"选项，在"要约束的几何体"选项组的"方位"下拉列表框中选择"自动判断中心/轴"选项，接着在小螺栓中选择螺杆柱的中心轴线，并在装配体中选择要配合的一个孔的中心线，如图 7-69 所示（已临时启用在主窗口中预览组件）。

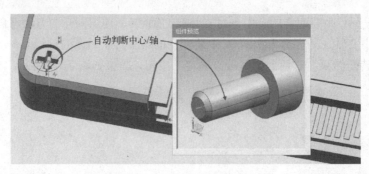

图 7-69 自动判断中心/轴来对齐

⑤ 在"装配约束"对话框中单击"确定"按钮。

8. 以阵列组件的方式装配其他小螺栓零件

① 选择上步装配好的小螺栓零件，在功能区的"装配"选项卡的"组件"组中单击"阵列组件"按钮，弹出"阵列组件"对话框。

② 在"阵列定义"选项组的"布局"下拉列表框中选择"线性"选项。

③ 在"阵列定义"选项组的"方向 1"子选项组中，从"指定矢量"下拉列表框中选择"自动判断的矢量"图标选项，在模型中选择边 1 定义方向 1，并设置方向 1 的间距方式为"数量和间隔"、数量为"2"、节距值为"-62"；在"方向 2"子选项组中选中"使用方向 2"复选框，从该子选项组的"指定矢量"下拉列表框中选择"自动判断的矢量"图标选项，在模型中选择边 2 定义方向 2，方向 2 的间距方式也为"数量和间隔"，并设置数量为"2"、节距值为"-93"，如图 7-70 所示。

④ 在"设置"选项组中选中"动态定位"复选框和"关联"复选框。

⑤ 单击"确定"按钮，结果如图 7-71 所示。

图 7-70 线性阵列定义

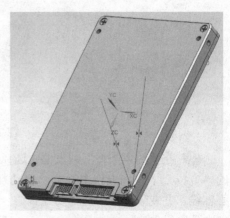

图 7-71 完成线性阵列组件

7.7 思考练习

1）典型的装配方法包括哪些？

2）简述装配导航器和约束导航器的用途。

3）在 UG NX 11.0 中，装配约束主要有哪几种类型？

4）简述创建镜像装配的典型方法及其步骤。

5）如何进行"阵列组件"的操作？

6）简述替换组件的一般方法及其步骤。

7）什么是装配爆炸图？如何创建并编辑爆炸图？

8）上机练习：自行设计一种铰链组件结构。

第8章 工程图设计

本章导读

　　工程设计人员要掌握工程图设计的相关知识。在 UG NX 11.0 中，可以根据设计好的三维模型来关联地进行其工程图设计。若关联的三维模型发生了设计变更，那么其相应的二维工程图也会自动变更。

　　本章介绍的主要内容包括工程制图模块切换与进入、工程制图参数预设置、工程图纸的基本管理操作、生成视图、编辑视图、图样标注与注释、工程图典型综合范例等。

8.1　工程制图模块切换与进入

　　工程图在实际生产环节应用比较多。UG NX 11.0 的工程制图功能是比较强大的，使用该功能模块可以很方便地根据已有的三维模型来创建合格且准确的工程图。

　　在"制图"或"装配"应用模块完成三维模型设计之后，在功能区中打开"文件"选项卡，接着从"启动"选项组中选择"制图"命令，或者从"所有应用模块"级联菜单中选择"制图"命令，即可快速地切换到"制图"应用模块。当然，也可以在功能区中切换至"应用模块"选项卡，接着在"设计"组中单击"制图"按钮 ，如图 8-1 所示，从而切换进入到"制图"应用模块。

图 8-1　切换到"制图"应用模块（方法之一）

　　另外，用户也可以通过新建图纸文件进入"制图"应用模块，其方法是按〈Ctrl+N〉快捷键，打开"新建"对话框，切换至"图纸"选项卡，如图 8-2 所示，选择一个所需的图纸模板，在"新文件名"选项组中指定新文件名称和文件夹路径，通过"要创建图纸的部件"选项组来指定要创建图纸的部件，然后单击"确定"按钮。

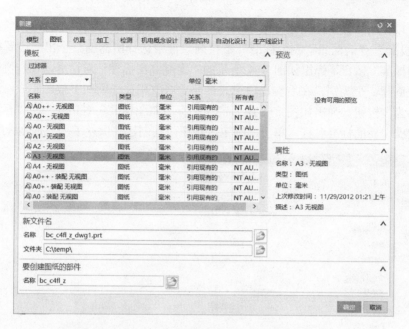

图 8-2　在"新建"对话框中切换至"图纸"选项卡

8.2　工程制图参数预设置

工程制图通常需要遵循一定的标准。为了使工程图满足相关的标准，有时在创建工程图之前，要对工程图参数进行预设置，从而统一工程图标准化，提高设计效率。

在"制图"应用模块中，从功能区的"文件"选项卡中选择"实用工具"|"用户默认设置"命令，打开"用户默认设置"对话框，如图 8-3 所示，从左窗格中选择"制图"节点下的"常规/设置"子节点，接着在右区域的"标准"选项卡的"制图标准"下拉列表框中选择一个标准，如选择"GB"标准，然后单击"应用"按钮，即可在当前设置级别下将所选标准设置为默认的制图标准，重新启动 UG NX 11.0 后该默认制图标准将起作用。

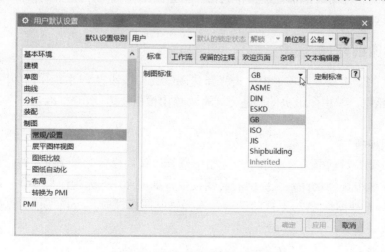

图 8-3　"用户默认设置"对话框

用户可以在出厂设置的指定标准的基础上创建符合公司政策或内部标准的定制标准。在"用户默认设置"对话框的"制图标准"下拉列表框中选择所需的一个出厂设置标准，接着单击"定制标准"按钮，弹出如图 8-4 所示的"定制制图标准"对话框，在左侧的"制图标准"列表中选择一个类别，在右侧选项卡式页面上修改相关选项和参数，完成修改设置后，单击"另存为"按钮，弹出如图 8-5 所示的"另存为制图标准"对话框，在"标准名称"文本框中指定一个新的标准名称，单击"确定"按钮，则创建并保存了一个定制标准。

图 8-4 "定制制图标准"对话框

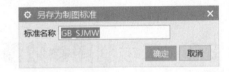

图 8-5 "另存为制图标准"对话框

在"制图"应用模块中，用户还可以通过相关首选项命令来对制图、视图剖切等首选项进行设置，但首选项设置只对当前文件有效，之后新建的文件将不继承首选项的设置。

8.3 工程图纸的基本管理操作

本节介绍的工程图纸基本管理操作包括"新建图纸页"、"打开图纸页"、"删除图纸页"和"编辑图纸页"。

8.3.1 新建图纸页

在功能区的"主页"选项卡中单击"新建图纸页"按钮，系统弹出如图 8-6 所示的"图纸页"对话框，其中图纸页的创建方式有"使用模板"方式、"标准尺寸"方式和"定制尺寸"方式。

1. "使用模板"

在"图纸页"对话框的"大小"选项组中选择"使用模板"单选按钮时，可以从该对话框出现的列表框中选择软件系统提供的制图模板，如"A0++-无视图""A0+-无视图""A0-无视图""A1-无视图""A2-无视图"等。选择某制图模板时，可以在该对话框中预览该制图模板的样式。

2．"标准尺寸"

在"图纸页"对话框的"大小"选项组中选择"标准尺寸"单选按钮时，如图 8-7 所示，从"大小"下拉列表框中选择一种标准尺寸样式，如"A0-841×1189""A1-594×841""A2-420×594""A3-297×420""A4-210×297""A0+-841×1635"或"A0++ -841×2387"；从"比例"下拉列表框中选择一种绘图比例，或者选择"定制比例"来设置所需的比例；在"名称"选项组的"图纸页名称"文本框中输入新建图纸页的名称，或者接受软件系统自动为新建图纸页指定的默认名称；在"设置"选项组中，可以设置单位为毫米还是英寸，以及设置投影方式。投影方式分 ⊡◎（第一角投影）和 ◎⊟（第三角投影）。其中，第一角投影符合我国的制图标准。

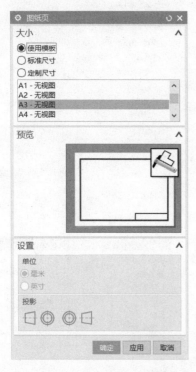

图 8-6 "图纸页"对话框

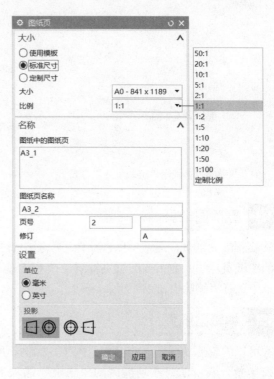

图 8-7 使用"标准尺寸"方式

3．"定制尺寸"

在"图纸页"对话框的"大小"选项组中选择"定制尺寸"单选按钮时，由用户设置图纸高度、长度、比例、图纸页名称、单位和投影方式等，如图 8-8 所示。

定义好图纸页后，在"图纸页"对话框中单击"确定"按钮。接下去便是在图纸页上创建和编辑具体的工程视图了。

8.3.2 打开图纸页

当创建有多个图纸页时，只有一个图纸页是活动的。此时，如果要打开其他一个图纸页，可在部件导航器中选择要打开的图纸页，右击，如图 8-9 所示，接着从弹出的快捷菜单中选择"打开"命令，所打开的图纸页将变为工作的（活动的）图纸页。

图 8-8 使用"定制尺寸"方式

图 8-9 打开图纸页操作

8.3.3 删除图纸页

要删除图纸页，通常可以在部件导航器中查找到要删除的图纸页标识，右击该图纸页标识，接着从弹出的快捷菜单中选择"删除"命令即可。

8.3.4 编辑图纸页

可以编辑活动图纸页的名称、大小、比例、度量单位和投影角，其方法是在功能区的"主页"选项卡中单击"编辑图纸页"按钮 图，弹出如图 8-10 所示的"图纸页"对话框，在该对话框中针对选定图纸页进行相应的修改设置，如大小、名称、单位和投影角方式等，然后单击"确定"按钮。

8.4 生成视图

新建图纸页后，便需要根据模型结构来考虑如何在图纸页上生成各种类型的视图。生成的视图可以是基本视图、投影视图、局部放大图、剖视图、半剖视图、旋转剖视图、点到点剖视图、断开视图和局部剖视图等。

图 8-10 "图纸页"对话框

8.4.1 基本视图

基本视图可以是仰视图、俯视图、前视图、后视图、左视图、右视图、正等轴测图和正三轴测图等。基本视图可以是独立的视图，也可以是其他类型视图（如投影视图、剖视图）的父视图。

在"制图"应用模块下，从功能区的"主页"选项卡的"视图"组中单击"基本视图"按钮📇，系统弹出如图 8-11 所示的"基本视图"对话框。下面介绍该对话框中各选项组的功能含义。

- "部件"选项组：用于选择要生成基本视图的零部件。如果是在"建模"应用模块完成模型建模后切换到"制图"应用模块，那么此时 UG NX 会自动将此部件默认为要生成基本视图的零部件。如果想在新制图中更改要生成基本视图的零部件，可在"部件"选项组的"已加载的部件"列表或"最近访问的部件"列表中选择所需的部件，或者单击该选项组中的"打开"按钮📂并通过弹出的"部件名"对话框选择所需的部件，如图 8-12 所示。

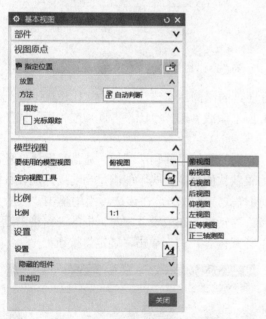

图 8-11 "基本视图"对话框

图 8-12 指定所需部件

- "视图原点"选项组：用于确定视图的放置位置。在"视图原点"选项组中，设置放置方法选项，以及设置是否启用"光标跟踪"功能，其中放置方法选项主要有"自动判断""水平""竖直""垂直于直线"和"叠加"。当启用"光标跟踪"功能时，可在光标跟踪的相应文本框中输入光标的坐标值来确定视图原点的放置位置。
- "模型视图"选项组：在该选项组的"要使用的模型视图"下拉列表框中选择相应的视图选项（如"俯视图""前视图""右视图""后视图""仰视图""左视图""正等测图"或"正三轴测图"），即可定义要生成何种类型的基本视图。该选项组还提供了一个实用的"定向视图工具"按钮📷。单击"定向视图工具"按钮📷，打开如图

8-13a 所示的"定向视图工具"对话框，利用该对话框可通过定义视图法向、X 向等来定向视图，在定向过程中可以在如图 8-13b 所示的"定向视图"窗口中选择参照对象及调整视角等。在"定向视图工具"对话框中执行某个操作后，视图的操作效果立即动态地显示在"定向视图"窗口中，以方便用户观察视图方向，调整并获得满意的视图方位。完成定向视图操作后，单击"定向视图工具"对话框中的"确定"按钮。

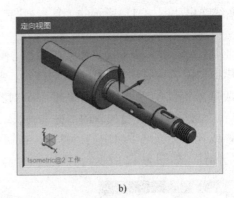

a)   b)

图 8-13   定向视图

a)"定向视图工具"对话框   b)"定向视图"窗口

● "比例"选项组：用于设置图纸与实际图纸的比例。在该选项组的"比例"下拉列表框中选择所需的一个比例，如图 8-14 所示，或者选择"比率"选项或"表达式"选项来定义比例。

● "设置"选项组：用于设置视图样式，定义隐藏的组件和非剖切。通常情况下，使用 UG NX 系统默认的视图样式即可。如果默认的视图样式不能满足当前用户的设计要求，那么可以采用手动的方式指定视图样式，其方法是在该选项组中单击"设置"按钮，弹出如图 8-15 所示的"设置"对话框，在"设置"对话框的左窗格中选择样式类别，接着在右区域中设置相应的样式内容，然后单击"确定"按钮。

图 8-14   设置比例

图 8-15   "设置"对话框

设置好相关内容后，将定义好的基本视图放置在图纸页面上即可。

8.4.2 投影视图

投影视图是从指定的父视图产生的正交投影视图，它的生成必须依赖于指定的父视图。在创建一个基本视图后，通常可以以基本视图为基准，即可以将该基本视图选定为父视图，按照指定的投影通道来建立相应的投影视图。

在功能区的"主页"选项卡的"视图"组中单击"投影视图"按钮 🔗，系统将弹出如图 8-16 所示的"投影视图"对话框。

- "父视图"选项组：UG NX 默认的父视图是上一步添加的视图。如果要重新指定父视图进行投影，那么在该选项组中单击"视图"按钮 🔳，接着重新选择用作父视图的一个视图。
- "铰链线"选项组：用于指定铰链线，铰链线垂直于投影方向。该选项组的"矢量选项"下拉列表框用于设置铰链线的指定方式，可供选择的矢量选项有"自动判断"和"已定义"。选择"自动判断"选项时，铰链线由系统自动判断，可以位于任意方向（允许的话），并可以设置铰链线是否具有关联性；选择"已定义"选项时，则该选项组提供"矢量构造器"按钮 🔳 和"指定矢量"下拉列表框 ⇂ ⋅ 用于用户指定铰链线具体的方向，如图 8-17 所示。如果单击"反转投影方向"按钮 🔀，则将投影方向设置为反向。

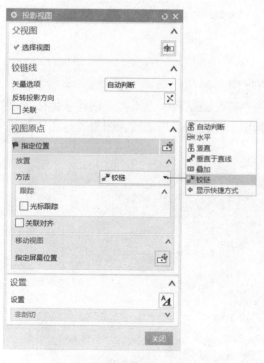

图 8-16 "投影视图"对话框

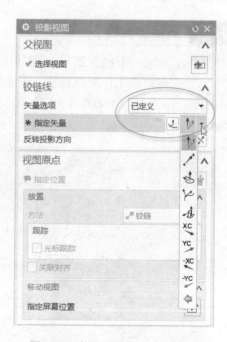

图 8-17 矢量选项为"已定义"时

- "视图原点"选项组：主要用于确定投影视图的放置位置，与创建基本视图的设置类似。当指定放置视图的位置后，如果对该投影视图在图纸页中的放置位置不满意，那么可以在该选项组的"移动视图"子选项组中单击"视图"按钮 ⊡，然后使用鼠标指针按住所选投影视图将其拖到图纸页的合适位置释放，即可实现移动投影视图（简述便是：按下后拖放以移动视图）。

● "设置"选项组：与创建基本视图的设置相同，不再赘述。

创建投影视图的典型示例如图 8-18 所示，其中图 8-18a 为三维实体模型，图 8-18b 则展示了基本视图（左上视图为基本视图）和两个投影视图，两个投影视图均是由同一个基本视图通过投影关系建立的。用户可以使用本书配套的练习文件"bc_jbty.prt"进行创建投影视图的上机操作。

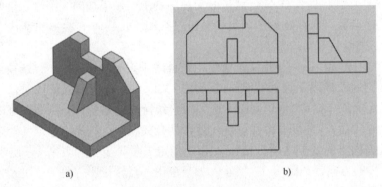

a)　　　　　　　　　　　　　　b)

图 8-18　创建投影视图的示例

a) 关联的三维实体模型　b) 基本视图和投影视图

8.4.3　局部放大图

可以创建一个包含图纸视图放大部分的视图，创建的该类视图常称为"局部放大图"。在实际制图工作中，对于一些模型中的细小特征或结构，通常需要创建该特征或该结构的局部放大图。在如图 8-19 所示的制图示例中，便应用了局部放大图来表达图样的细节结构。

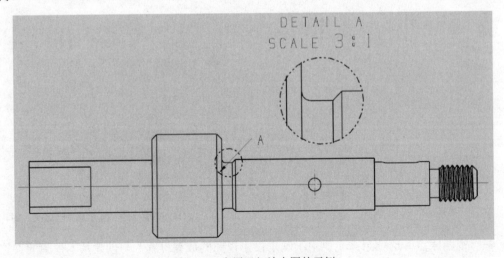

图 8-19　应用局部放大图的示例

在"制图"应用模块下,从功能区的"主页"选项卡的"视图"组中单击"局部放大图"按钮,系统弹出如图 8-20 所示的"局部放大图"对话框。可以利用"局部放大图"对话框中的以下选项组进行相关操作。

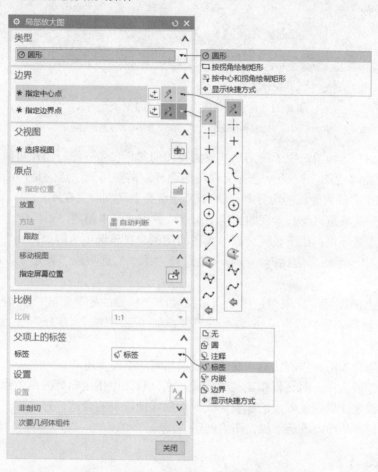

图 8-20 "局部放大图"对话框

- "类型"选项组:用于设置用圆形或矩形视图边界的类型方式来创建局部放大图,该选项组的当前类型方式将决定着"边界"选项组需要指定的内容。类型方式有 3 种,即"圆形""按拐角绘制矩形"和"按中心和拐角绘制矩形"。较为常用的是"圆形"类型方式。
- "边界"选项组:该选项组提供用于指定两个点的工具以在父视图上指定要放大的区域边界,该选项组与"类型"选项组的类型方式配合使用。例如,"圆形"类型方式需要在父视图上分别指定一个中心点和一个边界点,如图 8-21a 所示;"按拐角绘制矩形"类型方式需要在父视图上分别指定拐角点 1 和拐角点 2,如图 8-21b 所示;"按中心和拐角绘制矩形"类型方式则需要在父视图上分别指定一个中心点和一个拐角点,如图 8-21c 所示。

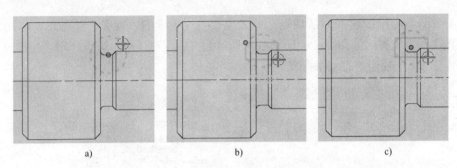

a) b) c)

图 8-21　定义局部放大图边界的 3 种类型方式

a)"圆形"　b)"按拐角绘制矩形"　c)"按中心和拐角绘制矩形"

- ●"父视图"选项组：用于确定局部放大视图的父项参考视图。用户可以通过在该选项组中单击"视图"按钮 进行父视图的选择。需要用户注意的是，在相应视图中指定点来定义放大区域的边界时，UG NX 系统会自动判断父视图。
- ●"原点"选项组：与基本视图的视图原点放置方式基本相同，不再赘述。
- ●"比例"选项组：用于设置局部放大图的比例。在该选项组的"比例"下拉列表框中选择其中一个所需的比例，或者从中选择"比率"选项或"表达式"选项来自定义比例。
- ●"父项上的标签"选项组：用于指定父视图上放置的标签形式。在该选项组的"标签"下拉列表框中提供了 6 种标签形式，即"无""圆""注释""标签""内嵌"和"边界"。
- ●"设置"选项组：与创建基本视图的设置相同，不再赘述。

通过"局部放大图"对话框指定类型方式，在父视图中指定相应的两个点来定义要放大的区域边界，设定比例和父项上的标签形式，然后在图纸页的合适位置选择一点作为局部放大图的放置位置，从而完成局部放大图的创建。

8.4.4　剖视图

剖视图主要用于表达机件内部的结构形状，它相当于假想用一个剖切面（平面或曲面）剖开机件，将处于观察者和剖切面之间的部分移去，而将其余部分向投影面上投射，这样得到的图形便为剖视图。为了用较少的图形就能把机件的形状完整、清晰地表达出来，这就要求必须使每个图形能较多地表达机件的形状，如此一来，就产生了各种剖视图。根据剖切范围的大小，剖视图一般可以分为全剖视图、半剖视图和局部剖视图等；如果按照剖切面的种类和数量来划分的话，剖视图又可以分为阶梯剖视图、旋转剖视图、斜剖视图和复合剖视图等。

若要创建剖视图，则可以在功能区的"主页"选项卡的"视图"组中单击"剖视图"按钮 ，系统弹出"剖视图"对话框，接着在"截面线"选项组的"定义"下拉列表框中选择"动态"选项或"选择现有的"选项。选择前者时，如图 8-22a 所示，允许指定动态剖切线并结合剖切方法（可供选择的剖切方法有"简单剖/阶梯剖""半剖""旋转"和"点到点"）来创建所需的剖视图；选择后者时，如图 8-22b 所示，允许选择现有独立剖切线来创建所需的剖视图。

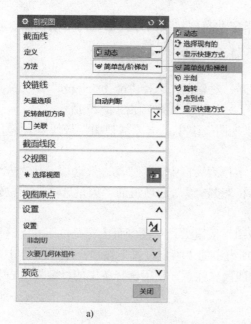

图 8-22 "剖视图"对话框

a) 选择"动态"定义选项时 b) 选择"选择现有的"定义选项时

　　如果要在视图中创建独立剖切线，那么可以在功能区的"主页"选项卡的"视图"组中单击"剖切线"按钮，弹出如图 8-23 所示的"截面线"（这里指剖切线）对话框，设置剖切线的创建类型为"独立的"（创建基于草图的独立剖切线）或"派生"（创建派生自 PMI 切割平面符号的剖切线）。这里以创建类型为"独立的"为例，接着指定父视图，进入剖切线绘制模式，此时功能区提供了"剖切线"选项卡，如图 8-24 所示，利用此选项卡的相关工具命令绘制和约束剖切线，单击"完成"按钮，返回到"截面线"（指剖切线）对话框，然后从"剖切方法"选项组的"方法"下拉列表框中选择一种剖切方法，如选择"简单剖/阶梯剖"选项或"半剖"选项，并设定是否使剖切方向反转等，最后单击"确定"按钮，便可完成在视图中创建独立的剖切线。有了独立的剖切线，便可以单击"剖视图"按钮，通过"选择现有的"选项快速创建相应的剖视图。

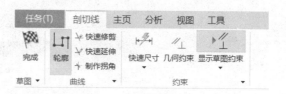

图 8-23 "截面线"对话框　　　　　　　　图 8-24 进入剖切线绘制模式时的功能区

下面结合典型范例，介绍如何通过指定动态剖切线的方式创建简单剖视图、阶梯剖视图、半剖视图、旋转剖视图和点到点剖视图。

1．创建简单剖视图

① 按〈Ctrl+O〉快捷键，弹出"打开"对话框，选择"bc_bst_jj.prt"配套文件，单击"OK"按钮，该文件的图纸页上已经创建了两个基本视图，如图8-25所示。

② 在功能区的"主页"选项卡的"视图"组中单击"剖视图"按钮 ，弹出"剖视图"对话框。

③ 在"截面线"选项组的"定义"下拉列表框中选择"动态"选项，从"方法"下拉列表框中选择"简单剖/阶梯剖"选项；在"铰链线"选项组的"矢量选项"下拉列表框中使用默认的"自动判断"选项。

④ 在"父视图"选项组中单击"视图"按钮 ，在图纸页上选择位于左上区域的基本视图作为父视图。此时，"截面线段"选项组中的"指定位置"按钮 自动被选中，在父视图中选择如图 8-26 所示的圆心定义剖切线段（注意，使用选择条中的"圆弧中心" 辅助选择所需的圆点）。

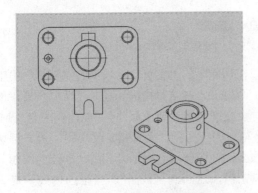

图 8-25　已存在的两个基本视图

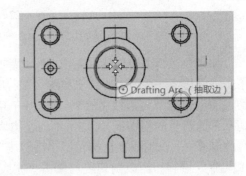

图 8-26　拾取圆心定义剖切线段

⑤ 在"视图原点"选项组的"方向"下拉列表框中选择"正交的"选项，在"放置"子选项组的"方法"下拉列表框中选择"铰链"选项，接着在父视图的右侧正交通道上指定一个合适点作为放置视图的位置，如图8-27a所示。结果生成如图8-27b所示的简单全剖视图。

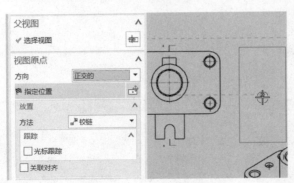

a)

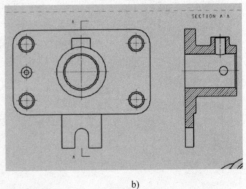

b)

图 8-27　指定剖视图的放置原点

a) 指定视图原点　b) 完成创建一个简单全剖视图

2. 创建阶梯剖视图

阶梯剖视图需要指定多个点来定义"阶梯形"的剖切线段链。

❶ 在"剖视图"对话框的"截面线"选项组中，确保"定义"选项为"动态"，"方法"选项为"简单剖/阶梯剖"。在"父视图"选项组中单击"视图"按钮，仍然在图纸页上选择左上区域的基本视图作为此阶梯剖视图的父视图。

❷ 此时，"截面线段"选项组中的"指定位置"按钮⊕自动被选中。确保选择条中的"圆弧中心"按钮⊙处于被选中的状态，在父视图中拾取如图 8-28a 所示的圆心作为剖切位置 1，在"视图原点"选项组的"方向"下拉列表框中选择"正交的"选项，在"放置"子选项组的"方法"下拉列表框中选择"竖直"选项，并从"对齐"下拉列表框中选择"对齐至视图"选项。由于要创建阶梯剖，则还要在"截面线段"选项组中单击"指定位置"按钮⊕，接着在父视图中选择如图 8-28b 所示的圆心以定义新的阶梯剖切线段。

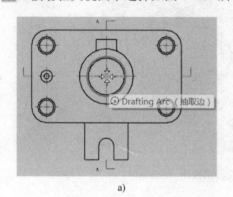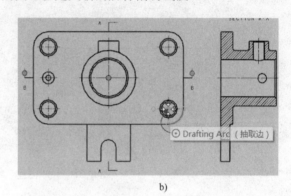

a)　　　　　　　　　　　　　　　b)

图 8-28　指定阶梯剖视图的相关剖切位置

a) 指定剖切位置 1　b) 指定剖切位置 2

❸ 使用鼠标指针选择所需的剖切线（截面线）手柄来调整阶梯剖切线段的折弯位置，如图 8-29 所示。

❹ 在"视图原点"选项组中单击"指定位置"按钮，在父视图的正下方选定一点，如图 8-30 所示。

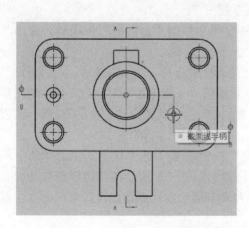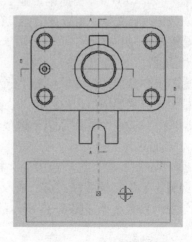

图 8-29　使用剖切线手柄进行调整　　　　　图 8-30　指定放置位置

⑤ 在"剖视图"对话框中单击"关闭"按钮，完成的阶梯剖视图如图 8-31 所示。

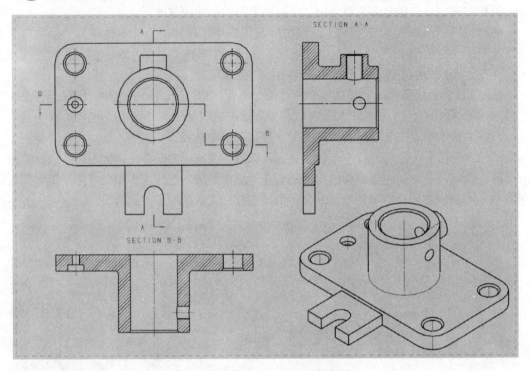

图 8-31 完成创建一个阶梯剖视图

3. 创建半剖视图

半剖视图是当物件具有对称平面时，向垂直于对称平面的投影面上投射所得到的图形，其典型特点是以对称中心线为界，一半画成主视图，另一半画成剖视图。由于半剖视图既充分地展现了机件的内部形状，又保留了机件的外部形状，因此常采用它来表达内外部形状都比较复杂的对称机件。

下面介绍一个创建半剖视图的典型操作范例。

① 按〈Ctrl+O〉快捷键，弹出"打开"对话框，选择"bc_bpst.prt"配套文件，单击"OK"按钮，该文件的图纸页上已经有一个基本视图。

② 在功能区的"主页"选项卡的"视图"组中单击"剖视图"按钮 ▥，弹出"剖视图"对话框。

③ 在"截面线"选项组的"定义"下拉列表框中选择"动态"选项，从"方法"下拉列表框中选择"半剖"选项；在"铰链线"选项组的"矢量选项"下拉列表框中使用默认的"自动判断"选项；"视图原点"选项组中的"方向"选项默认为"正交的"。唯一的视图被默认为父视图。

④ "截面线段"选项组中的"指定位置"按钮 ⊕ 处于选中状态。在选择条中确保选中"圆弧中心"点捕捉模式 ⊙，在父视图中选择如图 8-32 所示的圆边以获取其圆心定义剖切位置，接着选择如图 8-33 所示的圆边以获取其圆心定义剖切线段折弯位置（半剖中心线位置）。

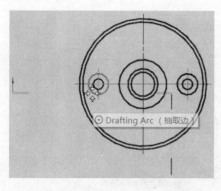

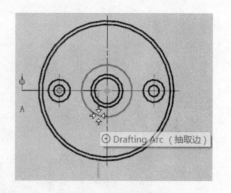

图 8-32 定义剖切位置　　　　　　　　图 8-33 定义折弯位置

⑤ 在"剖视图"对话框的"视图原点"选项组中，从"放置"子选项组的"方法"下拉列表框中选择"竖直"选项，从"对齐"下拉列表框中选择"对齐至视图"选项，选中"关联对齐"复选框，如图 8-34 所示。

⑥ 在父视图的上方区域指定一点以放置半剖视图，完成效果如图 8-35 所示。

图 8-34 设置"放置"选项

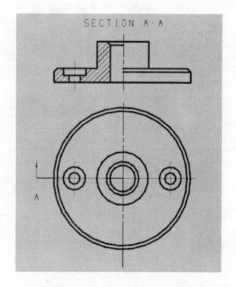

图 8-35 完成创建半剖视图

4. 创建旋转剖视图

可以从任何父图纸视图创建一个投影旋转视图，所创建的该投影旋转视图简称为旋转剖视图。旋转剖视图使用了两个相交的剖切平面（交线垂直于某一基本投影面），实际上旋转剖视图是指用两个成角度的剖切面剖开机件模型以表达其内部形状的视图。旋转剖视图的示例如图 8-36 所示。

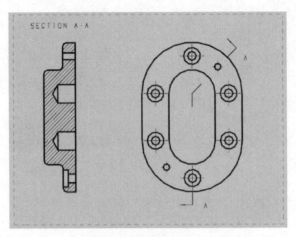

图 8-36　创建有旋转剖视图的工程图示例

下面结合典型实例来介绍创建旋转剖视图的典型操作方法及步骤。首先打开范例练习文件"bc_bg.prt"，接着按照以下步骤来进行操作。

❶ 进入"制图"应用模块，从功能区的"主页"选项卡的"视图"组中单击"剖视图"按钮，弹出"剖视图"对话框。

❷ 在"截面线"选项组的"定义"下拉列表框中选择"动态"选项，从"方法"下拉列表框中选择"旋转"选项；在"铰链线"选项组的"矢量选项"下拉列表框中使用默认的"自动判断"选项，并选中"关联"复选框；唯一的视图被默认为父视图，注意"父视图"选项组中的"视图"按钮用于选择一个视图作为父视图。

❸ 定义旋转点。在"截面线段"选项组的"指定旋转点"下拉列表框中选择"自动判断的点"选项，指定一个圆心作为剖切线段的旋转点，如图 8-37 所示。

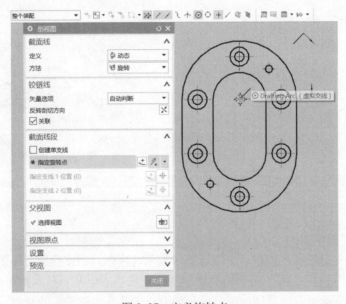

图 8-37　定义旋转点

④ 分别指定支线 1 切割位置（见图 8-38a）和支线 2 切割位置（见图 8-38b）。

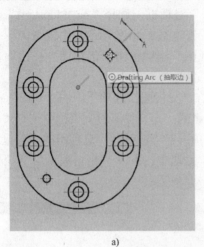 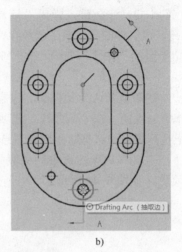

a) b)

图 8-38　定义段的新位置

a) 定义支线 1 切割位置　b) 定义支线 2 切割位置

⑤ 在"剖视图"对话框的"视图原点"选项组中，从"放置"子选项组的"方法"下拉列表框中选择"铰链"选项，并选中"关联对齐"复选框。

⑥ 指定放置视图的位置，如图 8-39 所示。确定该放置位置后，便完成该旋转剖视图的创建，然后单击"关闭"按钮以关闭"剖视图"对话框。

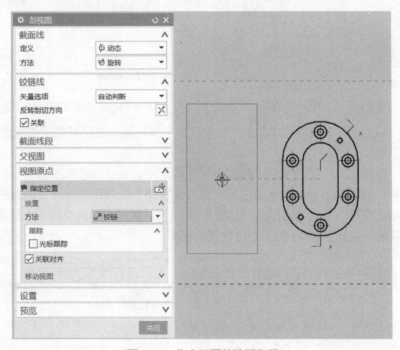

图 8-39　指定视图的放置位置

5. 创建点到点剖视图

"剖视图"命令的"点到点"选项用于创建一种展开剖视图，需要使用点构造选项来选择剖切线每个旋转点的位置。下面介绍一个创建点到点剖视图的操作范例。

1️⃣ 按〈Ctrl+O〉快捷键，弹出"打开"对话框，选择"bc_dddpst.prt"配套文件，单击"OK"按钮，该文件的图纸页上已经存在着如图 8-40 所示的一个视图。

2️⃣ 从功能区的"主页"选项卡的"视图"组中单击"剖视图"按钮🔳，弹出"剖视图"对话框。

3️⃣ 唯一的视图被默认为父视图。注意，"父视图"选项组中的"视图"按钮🔳用于选择一个视图作为父视图。在"截面线"选项组的"定义"下拉列表框中选择"动态"选项，从"方法"下拉列表框中选择"点到点"选项；在"铰链线"选项组的"矢量选项"下拉列表框中选择"已定义"选项，选中"关联"复选框，并从"指定矢量"下拉列表框中选择"XC轴"选项✖，如图 8-41 所示。

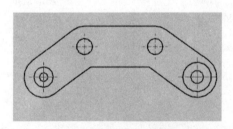

图 8-40 已有的一个视图

图 8-41 在"剖视图"对话框中进行操作

4️⃣ 在"截面线段"选项组中单击"指定位置"按钮➕，在父视图中依次选择如图 8-42 所示的 4 个圆心。

5️⃣ 在"视图原点"选项卡的"放置"子选项组中，从"方法"下拉列表框中选择"竖直"选项，从"对齐"下拉列表框中选择"对齐至视图"选项，选中"关联对齐"复选框，单击位于"指定位置"收集器右侧的"位置"按钮🔳，然后在父视图的下方指定一个合适的放置位置，从而生成如图 8-43 所示的点到点剖视图。

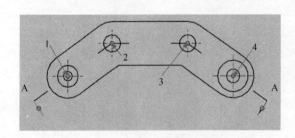

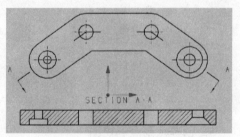

图 8-42 指定 4 个点定义剖切线段位置

图 8-43 生成点到点剖视图

⑥ 在"剖视图"对话框中单击"关闭"按钮。

8.4.5 局部剖视图

可以通过在任何父图纸视图中移除一个部件区域来创建一个局部剖视图，即局部剖视图是使用剖切面局部剖开机件而得到的剖视图，典型示例如图 8-44 所示。局部剖视图是在现有的视图中产生，而不在现有视图外生成新的剖视图。

在 UG NX 11.0 的"制图"建模模块中，在创建局部剖视图之前需要对要剖切的视图定义好剖切边界线。剖切边界线的定义必须在扩展环境下进行。下面通过一个范例来介绍如何在一个视图中创建局部剖视图。

① 按〈Ctrl+O〉快捷键，弹出"打开"对话框，选择"bc_jbpst_x.prt"配套文件，单击"OK"按钮，该文件的图纸页上已经存在着如图 8-45 所示的 3 个视图。

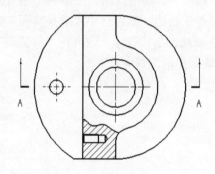

图 8-44 局部剖视图示例

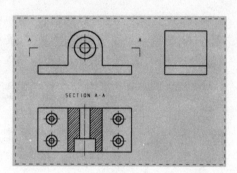

图 8-45 原始的 3 个视图

② 选择左上第一个视图，接着单击鼠标右键，弹出一个快捷菜单，如图 8-46 所示。从该快捷菜单中选择"展开"命令，从而进入该视图的"扩展"模式。在上边框条中单击"菜单"按钮 菜单(M)▾，选择"插入"|"曲线"|"艺术样条"命令，弹出"艺术样条"对话框，在"参数化"选项组中选中"封闭"复选框，绘制如图 8-47 所示的封闭的艺术样条曲线，该曲线将用作局部剖切的边界线。

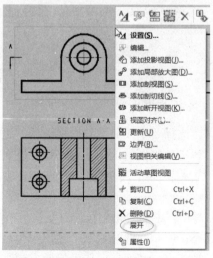

图 8-46 右击要添加剖切边界线的视图

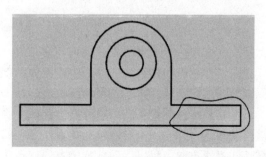

图 8-47 绘制封闭的艺术样条曲线

说明: 如果在单击"菜单"按钮 菜单(M)▼ 后发现"插入"菜单中没有"曲线"级联菜单，那么便需要经过手动定制的方式将"曲线"级联菜单添加到"插入"菜单下，其方法是按〈Ctrl+1〉快捷键，弹出"定制"对话框，切换至"项"选项卡，从"类别"列表框中选择"菜单"类别的"插入"子类别，接着在"项"列表框中选择"曲线"级联菜单名称，如图 8-48 所示，并将"曲线"级联菜单拖到上边框条的"菜单"|"插入"菜单中释放即可。

③ 完成绘制边界线后，在图形窗口中单击鼠标右键，接着从快捷菜单中选择"扩大"（展开）命令以取消选中该命令，返回到制图工作状态。这样便建立了与选择视图相关联的边界线。

④ 在功能区的"主页"选项卡的"视图"组中单击"局部剖视图"按钮，系统弹出如图 8-49 所示的"局部剖"对话框。选择"创建"单选按钮，确保选中"选择视图"按钮使之处于被选中的状态，在图纸页上选择一个要生成局部剖的视图，或者在"局部剖"对话框的视图列表框中选择"Front@1"视图作为要生成局部剖的视图。

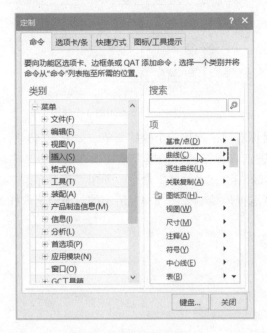

图 8-48 "定制"对话框

图 8-49 "局部剖"对话框（1）

⑤ 定义基点。基点是用于指定剖切位置的基本点。选择要生成局部剖的视图后，"指出基点"按钮被自动激活，此时可以选择一点来指出局部剖视图的剖切基点，该点位于关联视图（如相应的投影视图等）中。例如，在本例中，从关联视图中捕捉到一个圆心点定义局部剖的剖切基点，如图 8-50 所示。

⑥ 指出拉伸矢量。指出基点位置后，"局部剖"对话框中的"指出拉伸矢量"按钮被自动激活，并提供矢量选项和矢量工具按钮，如图 8-51 所示。此时在图形窗口中会显示默认的投影方向，可以接受默认的方向，也可以用矢量功能定义其他方向作为投影方向。如

果想反转矢量方向，可单击"矢量反向"按钮。本例接受默认的拉伸矢量（即投影方向）。指出拉伸矢量后，单击鼠标中键可继续下一个操作步骤。

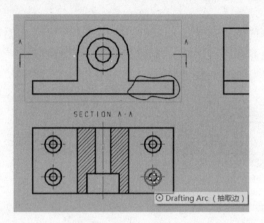

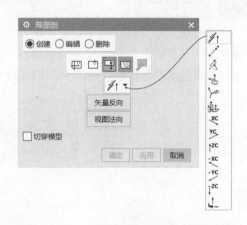

图 8-50　定义基点　　　　　　　　　　图 8-51　"局部剖"对话框（2）

⑦　选择剖视边界曲线。在"局部剖"对话框中确保选中（激活）"选择曲线"按钮，如图 8-52 所示，选择之前绘制的样条曲线，如图 8-53 所示。如果单击"链"按钮，则需要分别选择链的起始曲线和终止曲线来定义剖视边界。

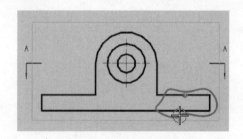

图 8-52　"局部剖"对话框（3）　　　　　　图 8-53　选择曲线

⑧　修改边界曲线。选择边界曲线后，"修改边界曲线"按钮被自动激活，同时在对话框中出现一个"对齐作图线"复选框，以及在边界曲线中出现曲线定义点，如图 8-54 所示。用户可以通过在边界曲线中选择曲线定义点来编辑修改边界曲线的形状。

⑨　在"局部剖"对话框中单击"应用"按钮，完成创建如图 8-55 所示的局部剖视图。

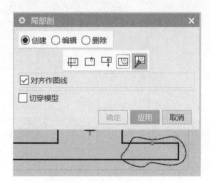

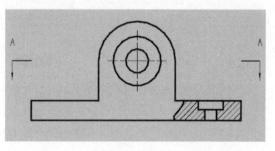

图 8-54　编辑边界曲线　　　　　　　　图 8-55　完成创建局部剖视图

通过"局部剖"对话框，用户还可以对选定的局部剖进行编辑操作或删除操作。

8.4.6 断开视图

对于较长的零部件，为了让它在图纸图框内能够有效地显示相应的视图，可以考虑创建断开视图，其目的是将图纸视图分解成多个边界并进行压缩，从而隐藏不感兴趣的部分，但不影响要表达的部件信息。断开视图的应用示例如图 8-56 所示。

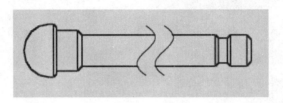

图 8-56　断开视图的应用示例

在"制图"应用模块中，从功能区的"主页"选项卡的"视图"组中单击"断开视图"按钮，系统弹出"断开视图"对话框，如图 8-57 所示。断开视图有两种类型，即"常规"断开视图和"单侧"断开视图。

图 8-57　"断开视图"对话框

下面介绍一个轴断开视图的创建步骤。用户可以打开配套范例文件"bc_dkst_x.prt"来辅助学习。

① 首先确保进入"制图"应用模块，然后在功能区的"主页"选项卡的"视图"组中单击"断开视图"按钮，打开"断开视图"对话框。

② 在"断开视图"对话框的"类型"下拉列表框中选择"常规"选项。

③ "主模型视图"选项组中的"选择视图"按钮处于选中状态，选择现有的一个视图作为主模型视图。可采用默认的矢量方向。

④ 定义断裂线 1。为了便于定义断裂线 1，可以巧妙地使用选择条的点捕捉工具。例如，在选择条中单击选中"曲线上的点"按钮，并注意在"断裂线 1"选项组中确保选中"关联"复选框，设置"偏置"值为"0"，指定锚点的方式为"自动判断的点"，然后在轴轮廓边上捕捉合适的一点以定义断裂线1，如图 8-58 所示。

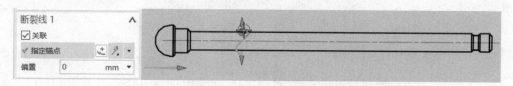

图 8-58 定义断裂线 1

⑤ 定义断裂线 2。在"断裂线 2"选项组中确保选中"关联"复选框，从"指定锚点"下拉列表框中选择"点在曲线/边上"图标选项，在"偏置"文本框中输入"0"，接着在轴轮廓边上选定一点来定义断裂线 2，如图 8-59 所示。

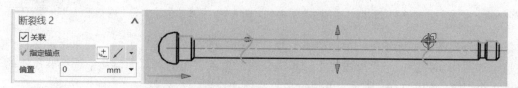

图 8-59 定义断裂线 2

⑥ 在"设置"选项组中设置如图 8-60 所示的参数。

⑦ 单击"应用"按钮，创建断开视图后的效果如图 8-61 所示。

⑧ 在"断开视图"对话框中单击"关闭"按钮。

图 8-60 在"设置"选项组中设置相关参数

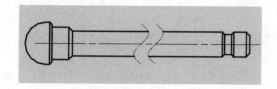

图 8-61 创建断开视图

8.4.7 视图创建向导

使用"视图创建向导"工具命令可以对图纸页添加一个或多个视图。

进入"制图"应用模块并准备好图纸页，从功能区的"主页"选项卡的"视图"组中单击"视图创建向导"按钮 ，弹出如图 8-62 所示的"视图创建向导"对话框（处于"部件"页面时）。通过该对话框的"部件"页面选择部件或装配用作视图基础。

选择好部件之后单击"下一步"按钮，进入"选项"页面，如图 8-63 所示。"选项"页面用于设置视图显示选项。

图 8-62 "视图创建向导"对话框（"部件"页面）

图 8-63 "视图创建向导"对话框（"选项"页面）

设置好视图显示选项后，单击"下一步"按钮，进入"方向"页面，从中指定父视图的方位，如图 8-64 所示。再单击"下一步"按钮，进入"布局"页面，从中选择要投影的一个或多个视图，如图 8-65 所示，并进行放置和留边设置，然后单击"完成"按钮。

图 8-64 "视图创建向导"对话框（"方向"页面）

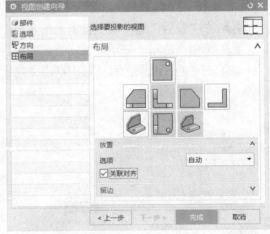

图 8-65 "视图创建向导"对话框（"布局"页面）

8.5　编辑视图

在图纸页上创建了各类视图后，有时需要调整视图的位置，更改边界或显示等参数，这便要用到视图的编辑操作。本节介绍编辑视图的常用操作，包括移动/复制视图、对齐视图、视图边界和更新视图。

8.5.1　移动/复制视图

使用"移动/复制视图"工具命令，可以将视图移动或复制到另一个图纸页上，也可以将视图移动或复制到当前图纸页的其他有效位置。

在"制图"应用模块下，从功能区的"主页"选项卡的"视图"组中单击"移动/复制视图"按钮，系统弹出如图 8-66 所示的"移动/复制视图"对话框，利用该对话框进行移动或复制视图的操作。下面介绍该对话框中主要选项的功能含义。

- "视图"列表框："视图"列表框列出了当前图纸页上的视图名标识，用户既可以在"视图"列表框中选择要操作的视图，也可以在图纸页上选择要操作的视图。
- 相关样式的按钮图标：包括"至一点"按钮、"水平"按钮、"竖直"按钮、"垂直于直线"按钮和"至另一图纸"按钮，分别用于以相应的样式移动或复制所选视图。例如，选择要移动或复制的视图后，单击"水平"按钮，则将沿着水平方向来移动或复制选定的视图。又如，选择要移动或复制的视图后，单击"至另一图纸"按钮，弹出如图 8-67 所示的"视图至另一图纸"对话框，在图纸列表中选择一个图纸作为目标图纸，单击"确定"按钮，即可将所选视图移动或复制到目标图纸上。

图 8-66　"移动/复制视图"对话框

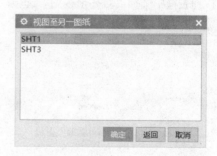

图 8-67　"视图至另一图纸"对话框

- "复制视图"复选框：用于设置视图的操作方式是复制还是移动。如果选中该复选框，则操作结果为复制视图，否则操作结果为移动视图。
- "视图名"文本框：用于编辑视图的名称。
- "距离"复选框：此复选框用于指定移动或复制的距离。如果选中该复选框，则按照在"距离"文本框中设定的距离值在规定的方向上移动或复制视图。
- "取消选择视图"按钮：用于取消用户已选择的视图，以便重新进行视图选择操作。

8.5.2 视图对齐

可以根据设计要求，将图纸页上的相关视图对齐，从而使整个工程图图面整洁，便于用户读图。所谓视图对齐是指在当前图纸页上将不同的视图按照要求对齐，其中一个视图为静止视图。

在"制图"应用模块功能区的"主页"选项卡的"视图"组中单击"视图对齐"按钮**吕**，系统弹出"视图对齐"对话框。在"视图"选项组中单击"视图"按钮**电**，接着选择要调整对齐关系的视图，此时激活"对齐"选项组的相关工具选项，如图 8-68 所示。放置方法有 5 种，即"自动判断""水平""竖直""垂直于直线"和"叠加"，它们的功能含义简述如下。

- "自动判断"：根据所选对象（点），用自动推断方式对齐视图。
- "水平"：设置视图在水平方向上对齐。
- "竖直"：设置视图在竖直方向上对齐。
- "垂直于直线"：设置视图在某一直线的垂直线上对齐。
- "叠加"：设置视图的基准点重合对齐。

当将放置方法设置为"水平"、"竖直"、"垂直于直线"和"叠加"时，"对齐"选项组的"放置"子选项组中提供"对齐"下拉列表框，从中可选择"对齐至视图""模型点"或"点到点"来定义对齐时的基准点（即视图对齐时的参考点）。

- "对齐至视图"：需要选择一个作为对齐参考的静止视图，使要对齐的视图与该静止视图在约定对齐方法下对齐（彼此视图中心对齐）。
- "模型点"：用于选择模型中的一个点作为静止视点（参考点）。
- "点到点"：按点到点的方式对齐指定视图中所选定的点。选择该选项时，需要分别指定一个静止视点（要对齐到的点）和一个当前视点。

视图对齐的典型示例如图 8-69 所示，选择上方的视图作为要调整位置的视图，然后在"对齐"选项组的"放置"子选项组的"方法"下拉列表框中选择"竖直"选项，从"对齐"下拉列表框中选择"对齐至视图"选项，接着选择下方的视图作为垂直对齐的静止视图。

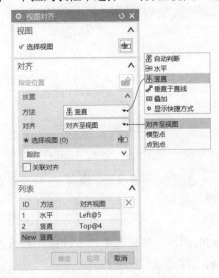

图 8-68 "视图对齐"对话框

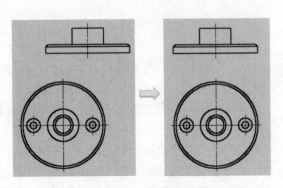

图 8-69 视图对齐示例

也可以直接选择要操作的视图对象，按住鼠标左键不放并拖动来实现视图移动和对齐。

8.5.3 视图边界

使用"视图边界"命令，可以编辑图纸页上某一视图的视图边界。

在"制图"应用模式下，从功能区的"主页"选项卡的"视图"组中单击"视图边界"按钮 ，弹出如图 8-70 所示的"视图边界"对话框。在"视图"列表框中选择要编辑其视图边界的一个视图（如果选择了不希望选择的视图，那么可以单击"重置"按钮来重新进行选择），则将激活位于该列表框下方的一个下拉列表框。该下拉列表框用于设置视图边界的类型方式，一共有以下 4 种。

图 8-70 "视图边界"对话框

- "自动生成矩形"：用于根据所选视图而自动生成适宜的矩形视图边界。该选项是 UG NX 系统初始默认的视图边界方式选项。
- "手工生成矩形"：用于通过在视图的适当位置按下鼠标左键并拖动鼠标来生成矩形边界，释放鼠标左键后，形成的矩形边界便作为该视图的边界。如图 8-71 所示，使用鼠标分别指定点 1 和点 2 来定义视图的矩形边界。

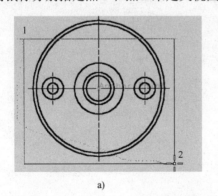
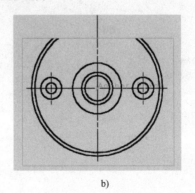

a)   b)

图 8-71 手工生成矩形

a) 在点 1 按住鼠标左键并拖动鼠标到点 2 处释放　b) 完成视图的矩形边界

- "由对象定义边界"：该方式的边界是通过选择要包围的对象来定义视图的范围。选择此选项时，系统出现"选择/取消选择要定义边界的对象"的提示信息。此时，用户可以使用对话框中的"包含的点"按钮或"包含的对象"按钮，在视图中选择要包含的点或对象。
- "断裂线/局部放大图"：该方式使用断裂线（截断线）或局部视图边界线来设置视图边界。选择要定义边界的视图后，接着选择"断裂线/局部放大图"选项时，系统提示："选择曲线定义断裂线/局部放大图边界"。在提示下选择已有曲线（该曲线需要进入视图扩展工作模式，和局部剖视图的局部边界线的定义是一样的）来定义视图边界。用户可以使用"链"按钮来进行成链操作。对于局部放大图，在"父项上的标签"下拉列表框中可以设置局部放大视图的父视图以何种方式显示边界（含标签），如图 8-72 所示。

在编辑视图边界的过程中，需要了解视图边界的锚点概念。锚点是将视图边界固定在视图中指定对象的相关联的点上，使视图边界跟着指定点的位置变化而适应变化。如果没有在视图边界内指定合适的锚点，那么当模型发生更改时，视图边界中的对象部分可能发生位置变化，这样视图边界中所显示的内容便有可能不是所希望的内容。"视图边界"对话框中的"锚点"按钮，用于在视图中自定义锚点。

8.5.4 更新视图

可以更新选定视图中的隐藏线、轮廓线、视图边界等以反映对模型的更改。

在"制图"应用模块下，在功能区的"主页"选项卡的"视图"组中单击"更新视图"按钮 ，系统弹出如图 8-73 所示的"更新视图"对话框。接着选择要更新的视图。可根据实际情况使用"更新视图"对话框中的视图列表、相应选择按钮来选择要更新的视图，既可以通过该对话框的视图列表和相应按钮来选择，也可以在图形窗口中用鼠标直接选择视图。选择好要更新的视图后，单击"应用"按钮或"确定"按钮，从而完成更新视图的操作。

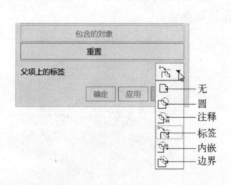

图 8-72 "父项上的标签"下拉列表框

图 8-73 "更新视图"对话框

"更新视图"对话框中的"选择所有过时视图"按钮 用于选择工程图中的所有过时视图，单击"确定"按钮后更新这些过时视图。"选择所有过时自动更新视图"按钮 用于自动更新工程图中的所有过时视图。

8.6 图样标注/注释

创建视图后，还需要对视图（工程图样）进行标注/注释。标注是表示图样尺寸和公差等信息的重要方法，是工程图的一个有机组成部分。广义的图样标注包括尺寸标注、插入中心线、文本注释、插入相关符号、形位公差标注、创建装配明细表和绘制表格等。本节介绍其中一些实用的图样标注与注释知识点。

8.6.1 插入中心线

在工程图中经常会应用到中心线，中心线可用来表示一些孔轴中心位置和对称结构等。在"制图"应用模块功能区的"主页"选项卡的"注释"组中提供了一个中心线下拉菜单，该下拉菜单提供了如表 8-1 所示的中心线工具命令。

表 8-1 制图中的中心线工具命令

序号	按钮	名称	功能用途
1	⊕	中心标记	创建中心标记，可以创建在同一直线上分布的中心线
2	⊛	螺栓圆中心线	创建完整或不完整螺栓圆中心线，（在圆处有十字形中心标记）在创建过程中选中"整圆"复选框将形成完整的螺栓圆中心线，反之则生成局部螺栓圆中心线
3	◌	圆形中心线	创建完整或不完整圆形中心线，与螺栓圆中心线的不同之处在于它不显示十字形
4	‖-‖	对称中心线	创建对称中心线，适用于对称图形，标注此符号，只画出视图的一半即可
5	⊡	2D 中心线	创建 2D 中心线，适用于为截面是矩形类的图形标注中心线
6	⊟	3D 中心线	基于面或曲线输入创建中心线，其中产生的中心线是真实的 3D 中心线
7	⊕	自动中心线	自动创建中心标记、圆形中心线和圆柱形中心线，适用于在指定的视图上自动标注中心线，只需直接指定视图即可
8	⊺⊺	偏置中心点符号	创建偏置中心点符号，该符号表示某一圆弧的中心，该中心处于偏离其真正中心的某一位置

下面以范例形式介绍如何在视图中插入相关中心线，涉及螺栓圆中心线、2D 中心线和中心标记。本范例原始文件为"bc_bg_zxx.prt"。

1. 插入螺栓圆中心线

❶ 进入"制图"应用模块，从功能区的"主页"选项卡的"注释"组中单击中心线下拉菜单中的"螺栓圆中心线"按钮 ⊛，弹出如图 8-74 所示的"螺栓圆中心线"对话框。

❷ 从"类型"选项组的"类型"下拉列表框中选择"通过 3 个或多个点"选项。

❸ 在"放置"选项组中取消选中"整圆"复选框；在"设置"选项组中对照图例设置尺寸值，本例设置"（A）缝隙"值为"1.5"、"（B）虚线"值为"3"、"（C）延伸"值为"0"，取消选中"单独设置延伸"复选框，在"样式"子选项组中将线宽设置为 0.13mm。

❹ 在视图中分别选择 4 个圆心定义螺栓圆中心线的位置，如图 8-75 所示。

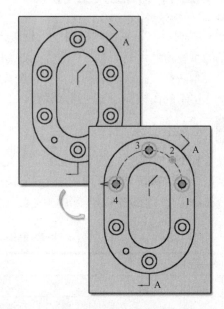

图 8-74 "螺栓圆中心线"对话框　　　　图 8-75 选择 4 圆心点生成不完整的螺栓圆中心线

⑤ 单击"应用"按钮，完成创建一处不完整的螺栓圆中心线。

⑥ 使用螺栓圆中心线的默认设置，依次选择其他 4 个圆心点来生成另外一条不完整的螺栓圆中心线，如图 8-76 所示。

⑦ 在"螺栓圆中心线"对话框中单击"确定"按钮。

？说明：圆形中心线的创建过程和螺栓圆中心线的创建过程基本一致。在本例中，如果单击"圆形中心线"按钮◯来创建不完整的圆形中心线，则结果如图 8-77 所示，很明显圆形中心线没有在孔处产生十字形。

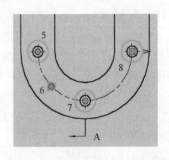

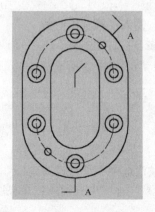

图 8-76 选择 4 圆心生成另一条不完整的螺栓圆中心线　　　　图 8-77 假设创建的是圆形中心线

2．插入 2D 中心线

❶ 在功能区的"主页"选项卡的"注释"组中单击中心线下拉菜单中的"2D 中心线"按钮 ⏻，系统弹出如图 8-78 所示的"2D 中心线"对话框。

❷ 在"类型"选项组的"类型"下拉列表框中选择"从曲线"选项，接着分别选择边 1 和边 2 来生成一条 2D 中心线，如图 8-79 所示。单击"应用"按钮，完成创建第 1 根 2D 中心线。

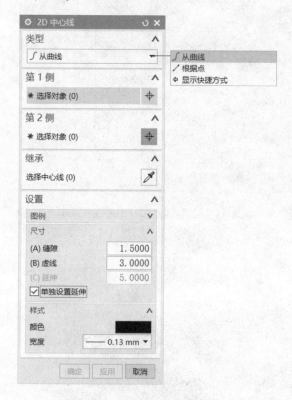

图 8-78 "2D 中心线"对话框　　　　　　图 8-79 创建 2D 中心线

❸ 使用同样的"从曲线"方法并分别选择对象来创建第 2 条和第 3 条 2D 中心线，如图 8-80 所示。

❹ 在"类型"选项组的"类型"下拉列表框中选择"根据点"选项，在选择条上设置好所需的点捕捉模式（例如，选择"圆弧中心"点捕捉模式 ⊙），在视图中分别选择两点来创建第 4 条 2D 中心线，如图 8-81 所示。

❺ 单击"2D 中心线"对话框中的"确定"按钮。

3．创建中心标记

❶ 在功能区的"主页"选项卡的"注释"组中单击中心线下拉菜单中的"中心标记"按钮 ⊕，系统弹出如图 8-82 所示的"中心标记"对话框。

❷ 在"位置"选项组中选中"创建多个中心标记"复选框，分别在图形窗口中选择两个圆弧获取其相应的圆心来定义两处中心标记的位置，如图 8-83 所示。

❸ 在"中心标记"对话框中单击"确定"按钮。

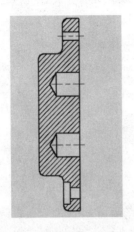

图 8-80　再创建两条 2D 中心线

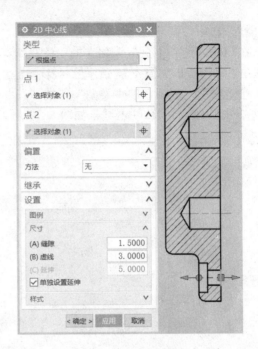

图 8-81　根据点创建 2D 中心线

图 8-82　"中心标记"对话框

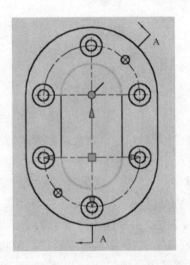

图 8-83　创建中心标记（两处）

8.6.2　尺寸标注

尺寸是工程图的一个重要元素，它用于表达对象的形状、大小和方位。在 UG NX 11.0 工程图中进行驱动尺寸标注是很实用的。如果修改了三维模型的驱动尺寸，那么其工程图中的对应尺寸也会相应地自动更新，从而保证三维模型与工程图的一致性。在某些情况下，可以设置创建的尺寸是参考尺寸。

在"制图"应用模块中，提供如表 8-2 所示的用于尺寸标注的主要工具命令，它们位于功能区的"主页"选项卡的"尺寸"组中。这些尺寸标注工具的操作方法相似。由于在第 2 章介绍过尺寸约束标注的使用方法，故在此不再赘述。下面以范例的形式介绍尺寸标注的应用，包括创建尺寸标注和编辑尺寸标注。

表 8-2 "制图"应用模块主要的尺寸标注工具命令

序号	按钮	名称	功能含义
1		快速	根据选定对象和光标的位置自动判断尺寸类型来创建一个尺寸，或者根据设定的测量方法来创建设定类型的尺寸，可选的测量方法有自动判断、水平、竖直、点到点、垂直、圆柱形、角度、径向和直径
2		线性	在两个对象或点位置之间创建线性尺寸，可以创建链尺寸集和基线尺寸集；可选的测量方法有自动判断、水平、竖直、点到点、垂直、圆柱形和孔标注
3		径向	创建圆形对象的半径或直径尺寸，可选的测量方法有自动判断、径向、直径和孔标注
4		角度	在两条不平行的直线之间创建角度尺寸
5		倒斜角	在倒斜角曲线上创建倒斜角尺寸
6		厚度	创建一个厚度尺寸，用于测量两条曲线之间的距离
7		弧长	创建一个弧长尺寸来测量圆弧周长
8		纵坐标	创建一个坐标尺寸，测量从公共点沿着一条坐标基线到某一位置的距离

1. 标注相关的尺寸

❶ 按〈Ctrl+O〉快捷键，弹出"打开"对话框，选择"bc_bg_ccbz.prt"配套文件，单击"OK"按钮。

❷ 确保进入"制图"应用模块，在功能区的"主页"选项卡的"尺寸"组中单击"径向"按钮，弹出如图 8-84 所示的"半径尺寸"对话框，从"测量"选项组的"方法"下拉列表框中选择"径向"选项，在"原点"选项组中取消选中"自动放置"复选框，然后选择要标注径向尺寸的对象并指定放置位置来完成创建一个半径尺寸，使用同样的方法也可创建其他所需的半径尺寸，如图 8-85 所示。

图 8-84 "半径尺寸"对话框

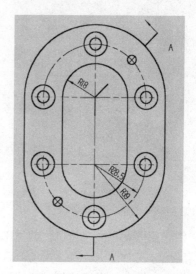

图 8-85 创建多个半径尺寸

③ 在"半径尺寸"对话框的"测量"选项组的"方法"下拉列表框中选择"孔标注"选项，在右侧的视图中单击其中一个沉头孔，接着指定原点放置位置，从而创建一个孔标注，如图 8-86 所示，然后单击"关闭"按钮。

④ 创建快速尺寸。在功能区的"主页"选项卡的"尺寸"组中单击"快速"按钮 ⤵，弹出"快速尺寸"对话框，在"测量"选项组的"方法"下拉列表框中选择"自动判断"选项，在"原点"选项组中取消选中"自动放置"复选框，分别选择相应对象和指定原点放置位置来创建几个线性的快速尺寸，如图 8-87 所示。

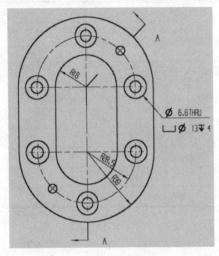

图 8-86 创建一个孔标注

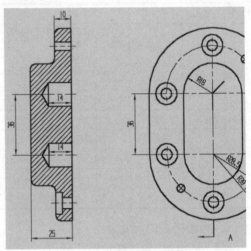

图 8-87 通过自动判断生成几个快速尺寸

⑤ 在"快速尺寸"对话框的"测量"选项组的"方法"下拉列表框中选择"圆柱式"选项，接着在旋转剖视图中依次选择第一个对象和第二个对象，然后指定原点放置位置，从而创建如图 8-88 所示的一个"圆柱式"尺寸。使用同样的方法，再创建另外两个"圆柱式"尺寸，如图 8-89 所示。最后，在"快速尺寸"对话框中单击"关闭"按钮。

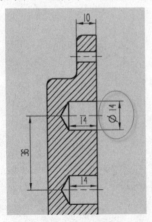

图 8-88 创建一个"圆柱式"尺寸

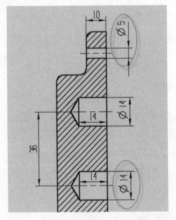

图 8-89 创建另外两个"圆柱式"尺寸

⑥ 创建角度尺寸。在功能区的"主页"选项卡的"尺寸"组中单击"角度"按钮 ⊿，弹出"角度尺寸"对话框。在"参考"选项组的"选择模式"下拉列表框中选择"对象"选项，在"原点"选项组中取消选中"自动放置"复选框，如图 8-90 所示。在"设置"选项

组单击"设置"按钮 ，弹出"设置"对话框，选择"文本"类别的"方向和位置"子类别，从"方位"下拉列表框中选择"水平文本"，如图 8-91 所示，单击"关闭"按钮，返回到"角度尺寸"对话框。分别选择成角度两条中心线并指定原点放置位置来创建如图 8-92 所示的一个角度尺寸，然后在"角度尺寸"对话框中单击"关闭"按钮。

图 8-90 "角度尺寸"对话框

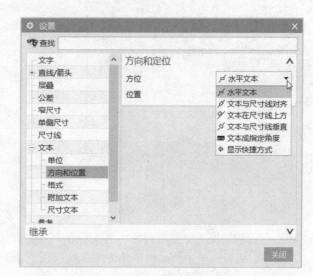

图 8-91 设置文本方向

2. 编辑选定的尺寸

在视图中创建好相关尺寸后，可以对选定尺寸进行相关的编辑操作，如添加前缀、设置尺寸公差等。

❶ 在旋转剖视图中选择数值为"36"的距离线性尺寸，右击，如图 8-93 所示，从弹出的快捷菜单中选择"编辑"命令。也可以使用鼠标直接双击该距离线性尺寸。

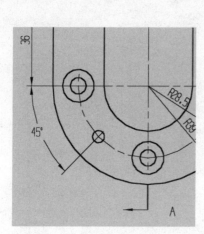

图 8-92 创建一个角度尺寸

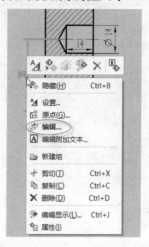

图 8-93 右击选定的要编辑的尺寸

❷ 系统弹出"线性尺寸"对话框和一个屏显编辑栏，从屏显编辑栏的公差类型下拉列表框中选择"双向公差"图标选项 ⁺¿，接着设置上公差值为"0.04"、下公差值为"-0.06"、公差小数点位数为"2"，如图 8-94 所示，然后在"线性尺寸"对话框中单击"关闭"按钮。

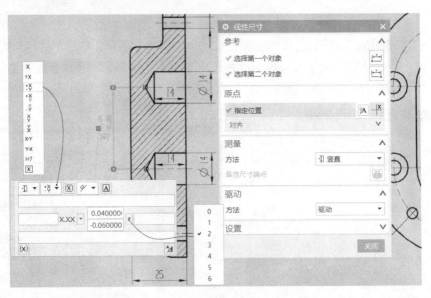

图 8-94　为选定的尺寸设置差异化的尺寸公差等

③　在旋转剖视图中双击直径为"Ø5"的尺寸，弹出"线性尺寸"对话框和一个屏显编辑栏。在屏显编辑栏中单击"编辑附加文本"按钮 Ａ ，弹出"附加文本"对话框。从"控件"选项组的"文本位置"下拉列表框中选择"之前"选项，在"文本输入"选项组的文本框中先输入"2"，接着在"符号"子选项组的"类别"下拉列表框中选择"制图"类别，单击"插入数量"按钮 X ，如图 8-95 所示，此时该文本框中的"2"字后面增加了"<#A>"字符以表示插入数量符号。在"附加文本"对话框中单击"关闭"按钮。在屏显编辑栏的"后缀"文本框中输入"H7"，如图 8-96 所示，然后在"线性尺寸"对话框中单击"关闭"按钮。

图 8-95　"附加文本"对话框

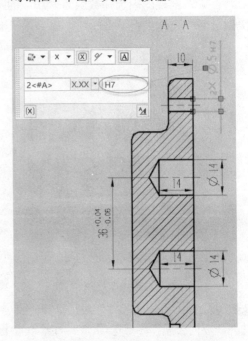

图 8-96　再为选定尺寸增加后缀

④ 双击沉头孔标注，弹出"半径尺寸"对话框和一个屏显编辑栏，在屏显编辑栏的"前缀"文本框中输入"6<#A>"以表示一共有 6 个这样的沉头孔，如图 8-97 所示。编辑好之后，在"半径尺寸"对话框中单击"关闭"按钮。

图 8-97　编辑沉头孔标注

⑤ 可以使用鼠标拖曳的方式适当调整一些尺寸的放置位置，以使图面看起来更整洁有序，参考效果如图 8-98 所示。

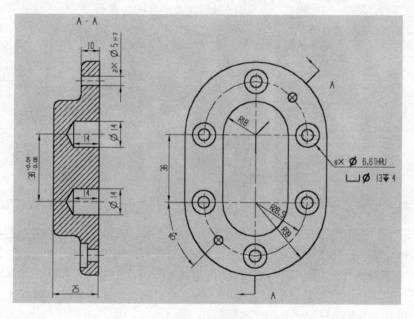

图 8-98　尺寸编辑后的标注效果

8.6.3 文本注释

图纸上的文本注释主要用于对图纸相关内容进行进一步说明，如技术要求、标题栏中的相关文本等。若要在图纸中插入文本注释，可在功能区的"主页"选项卡的"注释"组中单击"注释"按钮$\boxed{A}$，打开如图 8-99 所示的"注释"对话框。

如果要更改文本注释的相关参数，则可以先在"注释"对话框的"设置"选项组中单击"设置"按钮$\boxed{\text{A}}$，系统弹出如图 8-100 所示的"设置"对话框，从中可设置文本注释的层叠方式、文本对齐方式和文本参数，其中文本参数主要包括字体、粗细、高度、字体间隙因子、宽高比、行间隙因子和文字高度等。另外，在"注释"对话框的"设置"选项组中，还可以通过"竖直文本"复选框指定是否竖直文本，以及设置斜体角度、粗体宽度和文本对齐方式。

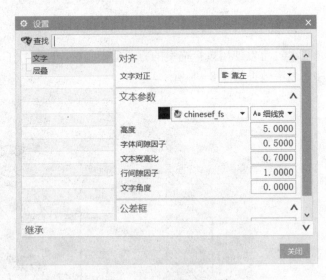

图 8-99 "注释"对话框   图 8-100 "设置"对话框

"注释"对话框的"文本输入"选项组用于输入文本、编辑文本等。在"文本输入"选项组的文本框中输入注释文本，如果要输入一些特定符号，则可以展开"符号"子选项组，如图 8-101 所示，从"类别"下拉列表框中指定符号类别，如选择"制图"类别，接着从该类别的符号列表中单击所需的符号按钮即可。如果需要编辑文本，则可以展开"编辑文本"子选项组来进行相关的编辑操作。

在"文本输入"文本框中输入注释文本后，确保"原点"选项组的"指定位置"按钮$\boxed{\text{x}}$处于被选中激活的状态，在图纸页上指定原点位置即可将注释文本插入到该位置。在指定原点时，用户可以在"原点"选项组中单击"原点工具"按钮$\boxed{\text{A}}$，打开如图 8-102 所示的"原点工具"对话框，使用该对话框来定义原点。在"注释"对话框的"原点"选项组中，还可以设置原点对齐等内容。

图 8-101 "符号"子选项组

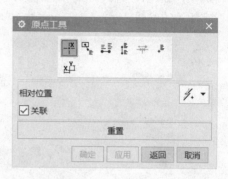

图 8-102 "原点工具"对话框

如果创建的注释文本带有指引线，则需要在"注释"对话框中展开"指引线"选项组，如图 8-103 所示，设置指引线类型（可供选择的指引线类型有"普通""全圆符号""标志""基准"和"以圆点终止"），设置箭头样式、短画线侧和短画线长度参数，设置是否启用带折线创建功能，接着单击"选择终止对象"按钮 以选择终止对象，根据系统提示进行相应操作来完成带指引线的注释文本。

例如，在图纸页上插入如图 8-104 所示的技术要求文本注释，可以分为两个文本注释对象，"技术要求"4 个字为单独的一个文本注释对象，这样便于单独将该文本注释对象的文本高度设置高一些。

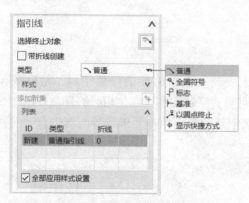

图 8-103 定义指引线

技术要求

1. 未注圆角为R3。
2. 需要对铸件进行人工时效处理。
3. 铸件不得有气孔、缩孔等铸造缺陷。

图 8-104 插入技术要求文本注释

8.6.4 插入表面粗糙度符号

可以创建一个表面粗糙度符号（新标准中提出了表面结构要求符号的概念）来指定曲面参数，如粗糙度、处理或涂层、模式、加工余量和波纹。也就是说，可以为指定位置标注表面结构要求。

插入表面结构要求符号的方法及步骤如下。

①首先确保处于"制图"应用模块，然后在功能区的"主页"选项卡的"注释"组中单击"表面粗糙度符号"按钮 √，系统弹出如图 8-105 所示的"表面粗糙度"对话框。

② 展开"属性"选项组，从"除料"下拉列表框中选择如图 8-106 所示的其中一种除料选项，如选择"修饰符，需要除料"选项。选择好除料选项后，继续在"属性"选项组中设定相关的参数。

图 8-105 "表面粗糙度"对话框

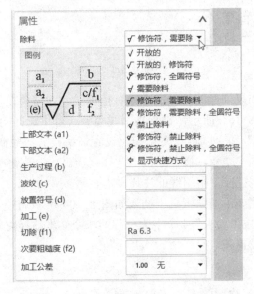

图 8-106 选择除料选项

③ 展开"设置"选项组，根据设计要求来定制表面结构要求符号样式、角度等，如图 8-107 所示。对于某方向上的表面粗糙度，可设置反转文本以满足相应的标注规范。如果从"圆括号"下拉列表框中选择"两侧"，那么创建的表面结构要求符号两侧带有一对圆括号，如图 8-108 所示。

图 8-107 设置样式和角度等

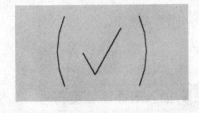

图 8-108 两侧带圆括号的表面结构要求符号

④ 如果需要指引线，那么需要使用"表面粗糙度"对话框的"指引线"选项组。

⑤ 指定原点放置表面结构要求符号。可以继续插入其他的表面结构要求符号。

⑥ 在"表面粗糙度"对话框中单击"关闭"按钮。

下面介绍注写表面结构要求符号的一个典型示例。

① 在功能区的"主页"选项卡的"注释"组中单击"表面粗糙度符号"按钮√，系统

弹出"表面粗糙度"对话框。

② 在"属性"选项组的"除料"下拉列表框中选择"修饰符，需要除料"，在"切除（f1）"文本框中选择或输入"Rz0.6"，而"上部文本（a1）""下部文本（a2）""生产过程（b）""波纹（c）""放置符号（d）""加工（e）""次要粗糙度（f2）"均设置为"空白"状态，"加工公差"默认为"1.00 无"。

③ 在"设置"选项组的"角度"文本框中输入角度为"0"，从"圆括号"下拉列表框中选择"无"选项，取消选中"反转文本"复选框。

④ 在"表面粗糙度"对话框中展开"指引线"选项组，从"类型"下拉列表框中选择"普通"选项，并设置相应的样式选项，接着单击"选择终止对象"按钮，在视图中选择对象以创建指引线，再使用鼠标指针指定原点来放置符号，如图8-109所示。

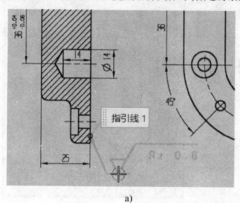
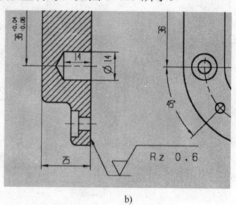

图8-109 创建表面结构要求符号示例

a) 指定原点放置符号 b) 创建符号结果

⑤ 可以继续创建其他表面结构要求符号（表面粗糙度符号）。在设计中，有些位置的符号不需要指引线，在这种情况下不需要使用"指引线"选项组。

⑥ 在"表面粗糙度"对话框中单击"关闭"按钮。

8.6.5 创建基准特征符号

基准特征符号经常与几何公差一起使用。相对于被测要素的基准要素，由基准字母表示，字母标注在基准方格内，用一条细实线与一个涂黑或空白的三角形（两种形式同等含义）相连，形成基准符号。当基准要素为轮廓线或轮廓面时，基准符号标注在要素的轮廓线、表面或它们的延长线上，基准符号与尺寸线要明显错开。当基准要素是尺寸要素确定的轴线、中心平面或中心线时，基准符号应对准尺寸线，亦可由基准符号代替相应的一个箭头。基准符号还可以标注在用圆点从轮廓表面引出的基准线上。基准符号中的基准方格不能斜放，必要时基准方格与黑色三角间的连线可用折线。在UG NX 11.0中创建基准特征符号之前，注意相关标准或规范样式的设置。

下面通过一个操作范例（配套原始文件为"bc_bg_jzjhgc.prt"）介绍如何创建基准特征符号。需要时，可以事先设置好所需的制图标准。

① 在"制图"应用模块功能区的"主页"选项卡的"注释"组中单击"基准特征符号"按钮，弹出如图8-110所示的"基准特征符号"对话框。

❷ 在"指引线"选项组的"类型"下拉列表框中选择"基准"类型，在"样式"子选项组的"箭头"下拉列表框中选择"填充基准"选项，在"基准标识符"选项组的"字母"文本框中输入"A"。

❸ 在"指引线"选项组中单击"选择终止对象"按钮 ↖，选择对象以创建指引线，在本例选择一个"圆柱式"（表示直径）尺寸，接着指定原点放置基准特征符号，如图8-111所示。

图 8-110 "基准特征符号"对话框

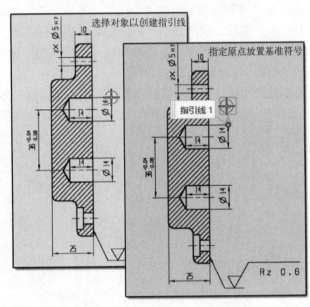

图 8-111 指定指引线和放置原点

❹ 最后，在"基准特征符号"对话框中单击"关闭"按钮。完成创建的基准特征符号如图8-112所示。

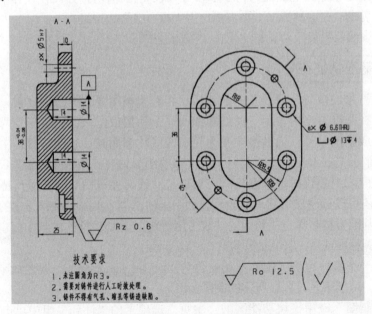

图 8-112 创建一个基准特征符号

8.6.6 使用特征控制框标注几何公差

为了保证合格的完工零件之间的可装配性，除了对零件上某些关键要素给出尺寸公差之外，还需要为一些要素标注几何公差。所述要素通常是指零件上的特定部位——点、线或面，也可以是导出要素（如中心线或中心面）。几何公差应标注在矩形框格（即特征控制框）内。

在"制图"应用模块下，单击"特征控制框"按钮 — 可以创建一行、多行或复合特征控制框并将其附着到尺寸或其他有效对象，即可以使用特征控制框标注几何公差。

下面以范例形式介绍使用特征控制框标注几何公差的一般方法和步骤。

① 在功能区"主页"选项卡的"注释"组中单击"特征控制框"按钮 —，打开"特征控制框"对话框，如图 8-113 所示。

② 在"指引线"选项组的"类型"下拉列表框中选择"普通"选项，接着在"样式"子选项组的"箭头"下拉列表框中选择"填充箭头"，从"短画线侧"下拉列表框中选择"自动判断"（可供选择的选项有"自动判断""左"和"右"），在"短画线长度"文本框中指定短画线长度为"5"。

③ 展开"框"选项组，从"特性"下拉列表框中选择"平行度"选项，从"框样式"下拉列表框中选择"单框"选项，并在"公差"子选项组中设置公差值和第一基准参考等，如图 8-114 所示。本例无须设置第二基准参考和第三基准参考。

图 8-113 "特征控制框"对话框　　图 8-114 在"框"选项组中设置选项及参数

④ 在"指引线"选项组中单击"选择终止对象"按钮 🔧，选择对象以创建指引线（本例选择一个"圆柱式"直径尺寸），接着移动鼠标指定原点放置位置，如图 8-115 所示。指

定原点放置位置后，即完成注写该平行度几何公差，效果如图 8-116 所示

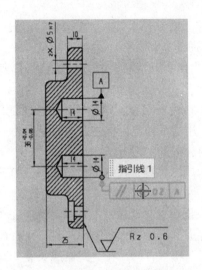

图 8-115 指定指引线及放置特征控制框

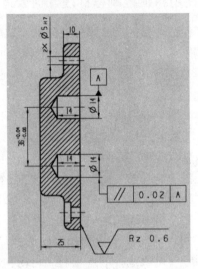

图 8-116 完成注写"平行度"几何公差

⑤ 在"框"选项组的"特性"下拉列表框中选择"垂直度"选项，从"框样式"下拉列表框中选择"单框"选项，并在"公差"子选项组中设置公差值和第一基准参考等选项，如图 8-117 所示。

⑥ 在"指引线"选项组中单击"选择终止对象"按钮，选择对象以创建指引线（这里选择要标注的轮廓边），接着移动鼠标指定原点放置位置，完成创建如图 8-118 所示的"垂直度"几何公差。

图 8-117 设置垂直度公差和第一基准参考

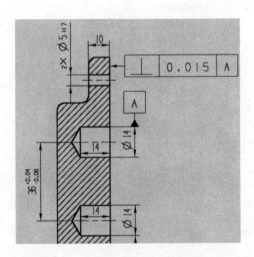

图 8-118 完成创建一处"垂直度"几何公差

⑦ 在"特征控制框"对话框中单击"关闭"按钮。完成两处几何公差标注后的工程视图如图 8-119 所示。

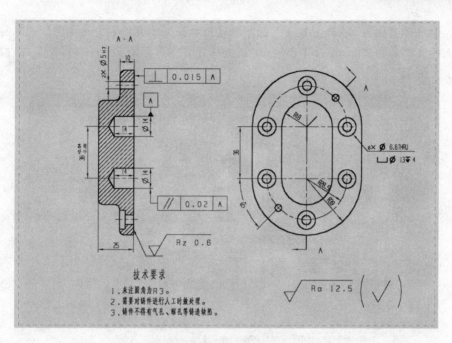

8-119 完成两处几何公差标注

8.7 为已有模型创建工程图典型综合范例

本节介绍一个工程图设计综合范例，该范例为已有模型（已经建立好模型的部件）建立一个使用标准公制模板的零件工程图。本范例要完成的工程图为某带轮（其已有三维模型效果如图 8-120 所示）的工程图。读者通过该范例主要学习如何使用公制模板（不必再进行相关工程图参数预设）建立工程图，掌握主视图和全剖视图的建立方法，学习创建螺栓圆中心线的方法，复习图样标注等相关知识，学习如何填写标题栏等。

图 8-120 案例使用的某带轮三维模型

该综合实战进阶范例的具体步骤如下。

1. 新建一个图纸部件文件

① 按〈Ctrl+N〉快捷键，系统弹出"新建"对话框。

② 切换到"图纸"选项卡，在"模板"选项组的"过滤器"下的"关系"下拉列表框中选择"引用现有部件"或"全部"选项，从"单位"下拉列表框中选择"毫米"，在"模

板"列表中选择名称为"A3-无视图"的图纸模板，在"新文件名"选项组的"名称"文本框中输入新文件名为"bc_dl_zhfl_dwg.prt"，并指定要保存到的文件夹（即指定保存路径），如图 8-121 所示。

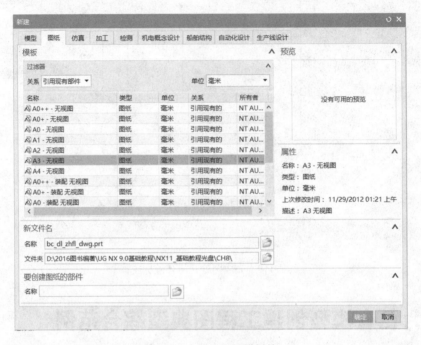

图 8-121　选择图纸模板等

③ 在"要创建图纸的部件"选项组中单击"打开"按钮，弹出如图 8-122 所示的"选择主模型部件"对话框，接着在该对话框中继续单击"打开"按钮并利用弹出的"部件名"对话框选择本书配套的"bc_dl_zhfl.prt"部件文件，单击"OK"按钮，返回到"选择主模型部件"对话框，此时已加载的该部件名称显示在"已加载的部件"列表框中，并且默认为被选中的状态，如图 8-123 所示，然后单击"确定"按钮，返回到"新建"对话框。

图 8-122　"选择主模型部件"对话框

图 8-123　加载所需部件后

④ 在"新建"对话框中单击"确定"按钮。当前图纸页上已经自动产生一个带标题栏的 A3 图框。在图纸图框的右上角区域选择"其余"字样和表面粗糙度符号，右击，然后从弹出的快捷菜单中选择"删除"命令。

2. 创建一个基本视图作为主视图

① 在功能区的"主页"选项卡的"视图"组中单击"基本视图"按钮🖳，弹出"基本视图"对话框。

② 在"模型视图"选项组的"要使用的模型视图"下拉列表框中选择"左视图"选项，在"比例"选项组的"比例"下拉列表框中选择"1：1"，接着在图纸图框内指定放置主视图的位置，如图 8-124。

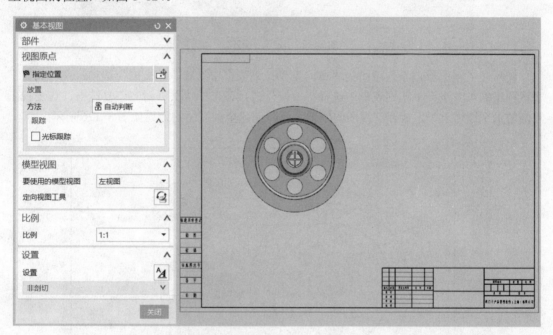

图 8-124　设置主视图相关参数和指定主视图的原点放置位置

③ 系统自动弹出"投影视图"对话框来取代"基本视图"对话框，直接在"投影视图"对话框中单击"关闭"按钮。

3. 创建全剖视图（第 2 个视图）

① 在功能区的"主页"选项卡的"视图"组中单击"剖视图"按钮🔲，弹出"剖视图"对话框。

② 在"截面线"选项组的"定义"下拉列表框中选择"动态"选项，从"方法"下拉列表框中选择"简单剖/阶梯剖"选项，在"铰链线"选项组的"矢量选项"下拉列表框中选择"自动判断"选项，选中"铰链线"选项组中的"关联"复选框，可利用"父视图"选项组指定父视图（本例默认已有的唯一视图作为父视图）。

③ 在"截面线段"选项组中确保使"指定位置"按钮⊕处于被选中的状态，在选择条（即"选择条"工具栏）中确保选中"圆弧中心"按钮⊙以允许选择圆、圆弧或椭圆中心，选择如图 8-125 所示的圆心定义剖切位置。

图 8-125　定义剖切位置

❹　在"视图原点"选项组的"方向"下拉列表框中选择"正交的"选项，在"放置"子选项组的"方法"下拉列表框中选择"铰链"选项，选中"关联对齐"复选框，在父视图右侧的水平通道上指定放置剖视图的位置，此时创建全剖视图的效果如图 8-126 所示。

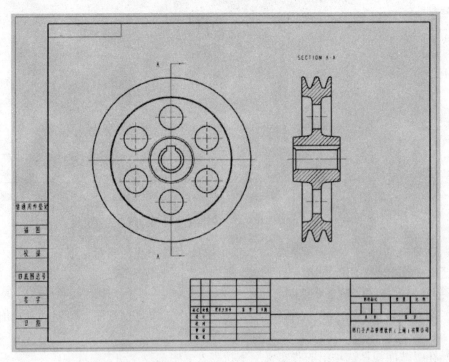

图 8-126　单击一点放置剖视图

❺　在"剖视图"对话框中单击"关闭"按钮❌。

4．删除选定的中心标记，然后插入"螺栓圆中心线"

❶　选择如图 8-127 所示的 6 个圆孔中心标记，接着单击"删除"按钮❌将它们删除。

❷　在功能区的"主页"选项卡的"注释"组中单击"螺栓圆中心线"按钮，弹出如图 8-128 所示的"螺栓圆中心线"对话框。

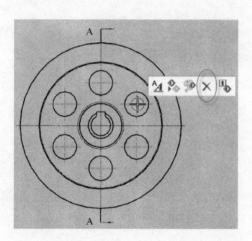

图 8-127　删除选定的中心标记

图 8-128　"螺栓圆中心线"对话框

③ 在"类型"选项组的"类型"下拉列表框中选择"通过 3 个或多个点"选项，在"放置"选项组中选中"整圆"复选框，在"设置"选项组中对照图例分别设置"（A）缝隙"值为"1.5"，"（B）虚线"值为"3"，"（C）延伸"值为"3"。

④ 在主视图中分别单击选择其中 4 个均布孔的圆心，如图 8-129 所示，从而定义螺栓圆中心线的位置，在所选圆心位置会自动产生匹配的十字形中心标记。

⑤ 在"螺栓圆中心线"对话框中单击"确定"按钮，创建好的螺栓圆中心线如图 8-130 所示。

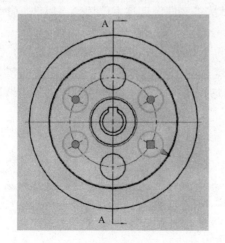

图 8-129　定义螺栓圆中心线的位置

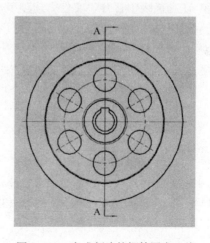

图 8-130　完成创建的螺栓圆中心线

5．进行尺寸标注、表面粗糙度标注与文本注释等

利用本章所学的图样标注/注释知识，对带轮工程图进行标注，具体过程比较灵活，在此不对标注操作过程进行赘述，完成尺寸标注与表面结构要求标注等的效果如图 8-131 所示。有兴趣的读者，还可以为带轮增设合理的基准特征和几何公差要求等，具体内容介绍省略。

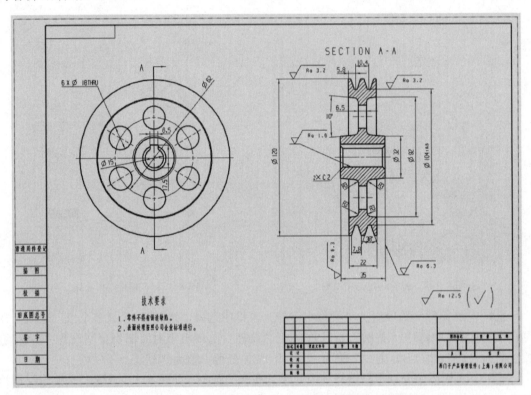

图 8-131　相关标注

6．填写标题栏

① 在功能区中打开"文件"选项卡，接着从"文件"选项卡中选择"属性"命令，弹出"显示部件属性"对话框。

② 在"属性"选项卡中，从"交互方法"下拉列表框中选择"传统"选项，接着在"部件属性"列表中选择所需要的标题/别名，然后在"值"文本框中输入相应的值，单击"应用"按钮即可完成标题栏对应的一个单元格填写操作，如此操作，设置部件属性结果如图 8-132 所示。

？说明：在 UG NX 11.0 中，在打开"显示部件属性"对话框的情况下，可以从"属性"选项卡的"交互方法"下拉列表框中选择"批量编辑"选项，接着可以对部件属性进行批量编辑，如同填写表格一样，如图 8-133 所示。批量编辑部件属性的各个所需值后，单击"应用"按钮或"确定"按钮。

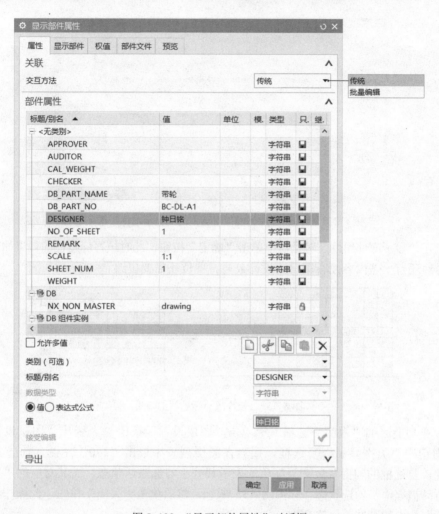

图 8-132 "显示部件属性"对话框

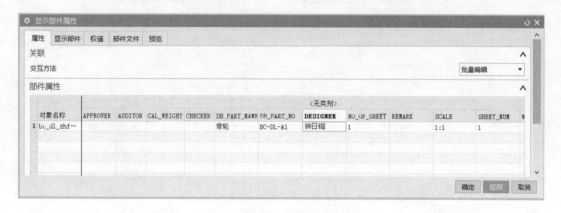

图 8-133 批量编辑部件属性

此时，如果切换到"显示部件"选项卡，则可以看到工作图层为"171"号，如图 8-134
所示。

图 8-134　"显示部件属性"对话框的"显示部件"选项卡

③ 在"显示部件属性"对话框中单击"确定"按钮，此时填写标题栏的效果如图 8-135 所示。显然还有一些内容没有填写，设计公司、单位还需要更改。

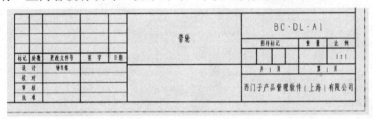

图 8-135　初步填写标题栏的效果

④ 在功能区的"视图"选项卡中单击"图层设置"按钮 ，弹出"图层设置"对话框，取消选中"类别显示"复选框，接着在图层列表中单击"170"左侧（前方）的复选框，以使该复选框的勾由灰色变为红色，表示其处于勾选激活状态，而其对应的"仅可见"复选框自动被取消了勾选状态，如图 8-136 所示，然后单击"关闭"按钮。此操作将允许用户编辑标题栏中的某些单元格文本。

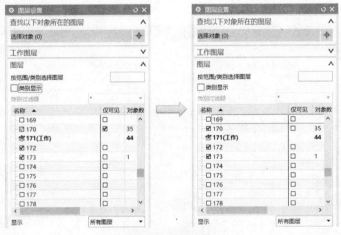

图 8-136　图层设置

⑤ 双击标题栏中最右下角的单元格，弹出一个注释编辑文本框，在该文本框中将 "<F2>"和"<F>"字符之间的文本更改为新的注释文本，如"博创设计坊"，按〈Enter〉键

确认即可完成该单元格的注释填写，如图 8-137 所示。

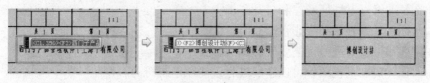

图 8-137　编辑标题栏的单元格注释

⑥ 使用同样的方法更改标题栏中其他单元格的注释文本。注意：双击其中没有设置属性的单元格，则可以在弹出的空白文本框中直接输入要填写的内容，按〈Enter〉键确认即可。还可以通过右击单元格文本并从弹出的快捷菜单中选择"设置"命令，利用打开的"设置"对话框修改文字高度。最终完成填写的标题栏如图 8-138 所示。

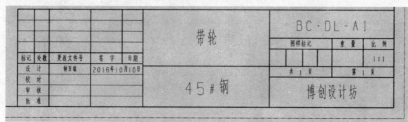

图 8-138　完成填写的标题栏

至此，完成本范例中的带轮工程图的设计，完成后的参考效果如图 8-139 所示。最后按〈Ctrl+S〉快捷键保存文件。

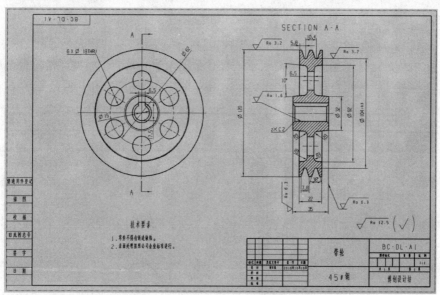

图 8-139　完成带轮的工程图设计

8.8　思考练习

1）如何在"建模"应用模块和"制图"应用模块之间切换？

2）在 UG NX 11.0 中，如何选用制图标准？如何定制并加载自己的制图标准？

3）什么是图纸页？如何新建和打开图纸页？

4）如何插入基本视图和投影视图？

5）在创建局部放大图时，需要注意哪些操作细节？

6）如何创建局部剖视图？可以举例进行说明或上机练习。

7）总结尺寸标注的一般操作方法与步骤。

8）如何在视图中进行表面结构要求标注？

9）打开本书配套的练习文件"bc_pst.prt"，进行创建剖视图的上机操作，如图 8-140 所示，然后可进行标注尺寸操作。

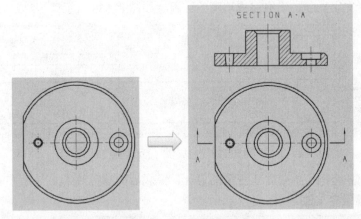

图 8-140　创建剖视图

10）上机练习：创建一个较为简单的零件模型，然后为该零件建立合适的工程视图。

11）上机练习：按照如图 8-141 所示的尺寸数据来建立其零件模型，接着根据该模型创建所需的工程视图，并可自行选择参数来标注相关的表面结构要求和几何公差。

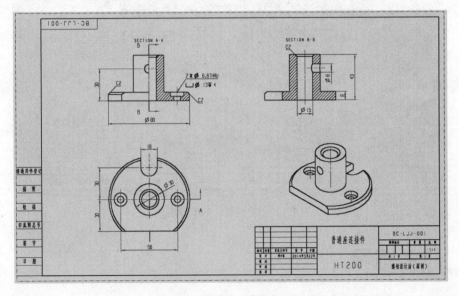

图 8-141　完成的工程视图示例